# 西南沙海洋贝类图鉴

## Illustrated Handbook of Seashells in the Xisha and Nansha Islands

张渊洲　主　编

王浩展　柏程华　副主编

海洋出版社

2025年·北京

**图书在版编目（CIP）数据**

西南沙海洋贝类图鉴 / 张渊洲主编 ; 王浩展，柏程
华副主编. -- 北京 : 海洋出版社，2025. 3. -- ISBN
978-7-5210-1501-0

Ⅰ. Q959.215-64

中国国家版本馆CIP数据核字第2025ZD0545号

西南沙海洋贝类图鉴

XI-NANSHA HAIYANG BEILEI TUJIAN

责任编辑：郑跟娣　李世燕
责任印制：安　淼

海洋出版社 出版发行
http://www.oceanpress.com.cn
北京市海淀区大慧寺路 8 号　　邮编：100081
鸿博昊天科技有限公司印制　　新华书店经销
2025年3月第1版　　2025年3月第1次印刷
开本：787 mm×1 092 mm　　1 / 16　　印张：16.75
字数：260千字　　定价：198.00元

发行部：010-62100090　　总编室：010-62100034
海洋版图书印、装错误可随时退换

# 前　言

　　漫步海滩，我们常看到造型奇特、色彩各异的海螺和贝壳，宛如被大海精雕细琢的艺术品。贝类在地球上生存了数亿年，不仅是大自然的杰作，也与人类千百年来的衣食住行息息相关。蒙昧时代，滨海地区的先民就已经开始食用贝类，时至今日，贝类依然是人类餐桌上的美味珍馐。货贝等贝类曾被很多国家和地区作为交换媒介，"贝币"是世界上最古老、最广泛的货币之一；汉语中很多与财富和交易有关的字都以"贝"作为部首，以"宝贝"称呼心爱之人或物。青铜时代，腓尼基人从骨螺科贝类中提取染料——骨螺紫，其染制的织物色彩炫丽、不易褪色，价格昂贵且风靡一时。在闽南和珠三角地区，以贝壳作为重要建筑材料的传统民居——蚵壳厝和蚝壳屋有着几百年的历史。除此之外，贝类还极富艺术价值，商周时期就出现了以贝类作为原材料的镶嵌装饰工艺"螺钿"，是中国特有的传统艺术瑰宝。贝类的外壳及出产的珍珠深受人们的喜爱，也常常出现在各种艺术作品和传说故事中。随着时间的推移，人们对贝类的认识不断加深，贝类也成为海洋生态、生物医药等领域的重要研究对象。

　　西沙群岛和南沙群岛具有独特的生态系统与丰富的物种多样性，也孕育出一些不同于大陆和近海海岛的贝类物种。我国对贝类的研究已有半个多世纪的科学积累，出版了很多贝类方面的书籍，但专注于热带海域尤其是西南沙海区海洋贝类的图鉴仍比较少见。在多年收集标本、积累资料的基础上，我们编写了《西南沙海洋贝类图鉴》。图鉴收录了我国西沙群岛和南沙群岛海域分布的海洋贝类 377 种，简明地介绍了其形态特征、地理分布和生态习性等相关知识，并展示了每种贝类的原色图片，以供读者查阅。也希望借此抛砖引玉，为该区域的海洋贝类研究提供一些基础资料。《西南沙海洋贝类图鉴》采用了目前国际上公认和流行的分类系统，对一些属、种的分类地位进行了调整，但沿用了一些被大家广泛接受的中文名。对于部分缺少中文资料的种类，在图鉴中暂以互联网上的惯用名称之。

　　本图鉴所用的贝类标本绝大多数由编者与同事们在西沙群岛和南沙群岛收集所

得，另有少部分来自贝类爱好者的收藏。本图鉴在编写过程中得到了自然资源部三沙海洋中心娄全胜主任的悉心指导，杨应雄书记和同事贺仕昌、刘晓红、蔡伟、林楚彬、郑翠霞等在标本采集方面做出了重要贡献，在此表示衷心的感谢。本图鉴的出版得到了自然资源部三沙海洋中心"海南省海域海岛动态监管、海洋生态保护和海岛设备维护项目"、中国科学院南海海洋研究所和国家重点研发计划项目（2022—20）、海南南沙珊瑚礁生态系统国家野外科学观测研究站的支持和资助。

　　由于编者水平和掌握的资料所限，书中错漏之处在所难免，敬请广大读者批评指正。

张渊洲

2024 年 8 月于西沙永兴岛

# 目 录

绪 论

# 什么是贝类

　　软体动物门是动物界中物种数量仅次于节肢动物门的第二大类群，由于这类动物多具有石灰质的外壳，因此也称"贝类"。据统计，全球软体动物种类超过 10 万种，在陆地、河流、湖泊和海洋都能发现其踪迹。其中海洋软体动物占比超过 50%，在生态系统中具有不可替代的作用。软体动物的不同种类彼此间形态差别很大，按其贝壳、软体组织构造的不同，可划分为 8 个纲：毛皮贝纲 Caudofoveata、新月贝纲 Solenogastres、单板纲 Monoplacophora、多板纲 Polyplacophora、腹足纲 Gastropoda、掘足纲 Scaphopoda、双壳纲 Bivalvia 和头足纲 Cephalopoda。其中，毛皮贝纲和新月贝纲身体不具贝壳，呈蠕虫状，较为罕见；而单板纲主要为化石种，国内目前尚无报道，其余 5 个纲在我国海域均有分布。

# 海洋贝类的贝壳构造

　　海洋贝类种类繁多，形态差异很大，且生活方式大不相同，但基本的结构是相同的，它们的身体柔软，通常由头部、足部、内脏囊、外套膜和贝壳 5 部分构成。本图鉴将对采集到的 4 个纲根据其贝壳结构进行形态学分类，分别为多板纲 Polyplacophora、腹足纲 Gastropoda、双壳纲 Bivalvia 及头足纲 Cephalopoda。

　　**多板纲 Polyplacophora**　　多板纲的动物发育较为原始，其身体通常背腹侧扁，呈椭圆形，背部生有 8 块呈规则排列的石灰质壳板，其最前面的壳板称为头板，中间 6 块结构相似的壳板称为中间板，最后一块称为尾板。除头板外，在每一块壳板的前面两侧均有由连接层伸出较薄的片状物，称为缝合片；在头板腹面前方、中间板后方两侧和尾板的后部有嵌入片，上面常有齿裂。身体背面周围一圈裸露的外套膜称为环带，其上生有鳞片、棘刺等附属结构。

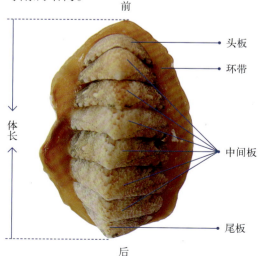

前

头板
环带

中间板

尾板

体长

后

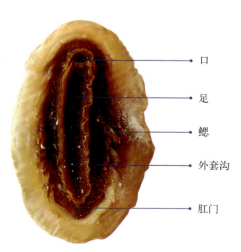

口
足
鳃
外套沟
肛门

**腹足纲 Gastropoda** 腹足纲因足位于腹部而得名，是软体动物门中最大的类群。通常具有一个不对称的螺旋形石灰质贝壳，又称单壳类或螺类。腹足纲的贝壳主要由螺旋部和体螺层两部分组成，螺层中间有缝合线。贝壳的形态和花纹各异，有的外被壳皮或壳毛。在壳口处，大多数腹足纲动物有一个由足部后端背面皮肤分泌形成的保护器官——厣。厣分为角质和石灰质两种，其大小和形状通常与壳口一致，但有的种类的厣不能盖住壳口，甚至有的种类没有厣。

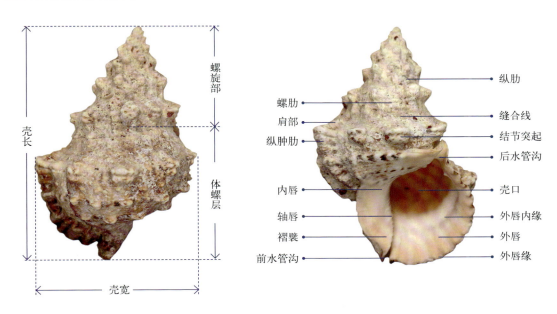

角质厣                                    石灰质厣

**双壳纲 Bivalvia**　双壳纲因鳃呈瓣状又被称为瓣鳃纲，足通常侧扁呈斧状，因此也被称为斧足纲。双壳纲种类数仅次于腹足纲，且具有较高的经济价值。该种类身体侧扁，身体由左右对称的贝壳组成，也有的种类不对称，如牡蛎、扇贝等，贝壳的形状、大小因种类而异。双壳纲的壳顶通常位于背缘前面或中央，壳面有同心的生长轮脉和放射状的肋纹及各种花纹色彩。左、右两个贝壳由富有弹性的角质韧带联合在一起，韧带位于壳顶的后方，起连接左、右两壳的作用，并有内韧带和外韧带之分，壳顶向上，小月面向前，韧带面向后，在左边的为左壳，反之为右壳。壳内有铰合齿，与齿槽构成铰合部。铰合齿的排列方式和数目、闭壳肌痕及外套窦的形状和明显程度都是分类的重要依据。

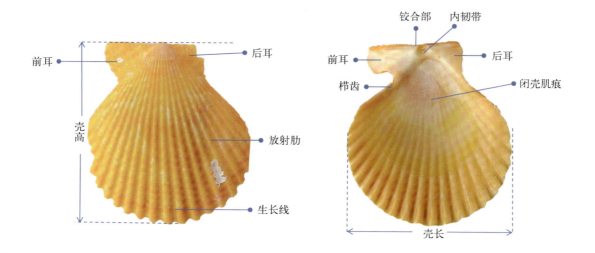

前耳　　　　　　　　　　　后耳

壳高

放射肋

生长线

铰合部　内韧带

前耳　　　　　　　　　　　后耳

栉齿

闭壳肌痕

壳长

头足纲 Cephalopoda　头足纲动物全部生活在海洋中。身体左右对称，分为头部、足部和胴部 3 部分。足部特化成腕和漏斗，腕的数目为 10 只或多达数十只，环生于头部前方，故名头足类。多数头足类动物具内壳，有的内壳退化，仅少数种类具外壳，例如，鹦鹉螺有一个螺旋形的贝壳，壳内被隔壁分成许多壳室（气室），各壳室由串管连接。

# 贝类的栖息环境和生活方式

　　海洋贝类种类繁多，分布广泛，从潮间带到潮下带、从浅海到深海均有分布，因此生活方式差异较大。海洋贝类常见的生活方式可分为自由生活、固着生活、附着生活、埋栖生活、凿穴生活、浮游生活及寄生和共生等。

　　**自由生活**　这类软体动物多具有发达的足，能在岩石、沙滩以及海藻或海草等上自由生活，其中腹足类较为常见，具备一定的爬行能力。

海草间爬行的笔螺

群栖在岩礁间的蝾螺

　　**固着生活**　这类软体动物通常将贝壳固定在岩石、珊瑚礁、动植物的身体上，固定后终生不再移动，如腹足类的蛇螺、双壳类的牡蛎等。

固着在珊瑚礁上的大管蛇螺

固着在岩石上的牡蛎

　　**附着生活**　这类软体动物利用足丝附着在岩礁等物体上，大多数种类体型扁平，这有助于减少水流的冲击，如扇贝、贻贝、珠母贝、钳蛤等。附着型贝类的附着位置并非终生不变，它们可以在外力的作用下切断足丝并改变位置，随后分泌新的足丝重新附着。

附着在岩礁上的珠母贝　　　　　　　　附着在岩石缝隙的钳蛤

**埋栖生活**　这类软体动物通常用斧状的足挖掘泥沙，将身体埋藏在泥沙中。埋栖越深的种类，足部和水管越发达。多数为双壳纲，如缢蛏、江珧等。

插入沙中的江珧　　　　　　　　　　埋藏在沙中的网皱纹蛤

**凿穴生活**　这类软体动物主要分为两类：一类穴居于岩石、珊瑚礁或大型贝壳中，如石蛏等；另一类则凿木穴居，如海笋等。

**浮游生活**　腹足纲中的一些种类终生营浮游生活，如海蜗牛，它们依靠浮囊使身体漂浮于海面上，随风浪漂移。

浮游的海蜗牛

**寄生和共生**　寄生的腹足纲，如光螺，寄生在棘皮动物的身体上生活。双壳纲砗磲与虫黄藻共生，其外套膜内包有大量的虫黄藻。砗磲为虫黄藻提供便利的生活条件，而虫黄藻通过光合作用为砗磲提供丰富的营养。

共生有大量虫黄藻的砗磲外套膜

# 贝类的学名

　　每一种贝类都有一个世界（各国）统一使用的科学名称，称为学名（拉丁名）。学名采用瑞典生物学家林奈（Carl Linnaeus）创立的双名命名法（双名法），由属名和种名并列组成，其中属名在前，种名在后。学名的最后是命名人和命名年代。生物学名必须使用拉丁文或其他以拉丁化的文字书写，属名首字母必须大写，且属名和种名都应使用斜体。如果原始属名发生更改，即学名发生了重新组合，那么定名人和定名年代需要用括号括起来，例如：

| 中文名 | 属名 | 种名 | 定名人和定名年代 |
| --- | --- | --- | --- |
| 蝾螺 | *Turbo* | *petholatus* | Linnaeus，1758 |
| 唐冠螺 | *Cassis* | *cornuta* | （Linnaeus，1758） |

　　有的种类包含亚种，则拉丁名通常由 3 个词组成，第 3 个词代表亚种名，例如：

| 中文名 | 属名 | 种名 | 亚种名 | 定名人和定名年代 |
| --- | --- | --- | --- | --- |
| 瘤平顶蜘蛛螺 | *Lambis* | *truncata* | *sebae* | （Kiener，1843） |

　　贝类的中文名通常根据其学名翻译而来，也可以根据动物的形态特征或分布地点等进行命名。对于历史上长期使用的中文名，即使其词义与学名的词义不尽相符，或属名和种名已经重新组合，为了保持中文名的普遍性和稳定性，我们尽可能地不做或少做更改。此外，我国大陆和台湾地区的贝类中文名也存在较大差异。因此，本图鉴中优先采用了《新拉汉无脊椎动物名称》（齐钟彦，1999）和《中国海洋生物名录》（刘瑞玉，2008）中的中文名；对于一些台湾地区特有的种类，我们沿用了原有的中文名；对于那些缺少中文资料的种类，我们暂以互联网上的惯用名称代之。

# 多板纲
## Polyplacophora Gray, 1821

# 石鳖科 Chitonidae Rafinesque, 1815

体呈长椭圆形，壳环表面具有粒状突起，有的具纵向肋纹或放射状肋纹；中间板嵌入片、缝合片较大，中央凹陷窦呈 U 形，两侧边缘仅有 1 个齿裂。环带上面生有密集的石灰质棘刺或鳞片。生活在潮间带至浅海的岩石上。

## 1. 秀丽石鳖 *Lucilina amanda* Thiele, 1909

贝壳呈长椭圆形，体长 26 mm。壳片淡棕色，有深色斑点和花纹。头板小，半圆形，其上有放射状排列的壳眼，嵌入片具 10 个垂直的齿裂；中间板与翼部分界不明显，以第 2 壳片长度最大；尾板较大，呈月牙形，尾壳顶突起，尾板后区亦布有壳眼。环带较宽，光裸，其上布有细毛。鳃列长度约为足部长度的 4/5，21 ~ 28 对。

分布于西沙群岛；日本。栖息于潮间带下区的珊瑚礁上。

# 腹足纲
## Gastropoda Cuvier, 1797

# 鲍科 Haliotidae Rafinesque, 1815

贝壳呈耳形或卵圆形，壳的左侧有一列小孔，前缘有数个开孔，其余是闭塞的，肛门和鳃均位于这个位置，通过开孔进行呼吸和排泄。壳口开阔，内富有珍珠光泽，无厣。主要栖息于浅海潮流通畅、有藻类丛生的环境中，利用发达的足部吸附在岩石上生活，以藻类为食。该科种类是名贵的海产品。其贝壳又称"石决明"，在中药里用途甚广。

## 2. 耳鲍 *Haliotis asinina* Linnaeus, 1758

别名驴耳鲍螺。

贝壳瘦长，近耳形，壳长 47 mm，壳质较薄。壳表平滑，通常具 4 ~ 7 个开孔。壳面多呈翠绿色或黄褐色，布有紫褐色和土黄色斑纹。壳口内银白色，具珍珠光泽。

分布于台湾岛、海南岛、西沙群岛和南沙群岛；西太平洋。栖息于低潮线以下的岩礁间。

### 3. 羊鲍 *Haliotis ovina Gmelin*, 1791

别名圆鲍螺。

贝壳近扁圆形，壳长 65 mm。壳顶平，体螺层极大，几乎占贝壳全部。壳表粗糙不平，有短而粗糙的瘤状褶；通常有 4 ~ 7 个开孔。壳面红褐色或灰褐色，具灰黄色斑带；壳内面银白色，具珍珠光泽，因受壳外面皱褶的影响而凹凸不平。

分布于台湾岛和南海；热带印度—西太平洋。栖息于低潮线至潮下带岩石或珊瑚礁间。

## 花帽贝科 Nacellidae Thiele, 1891

贝壳斗笠状，壳顶位于中央略向前端。壳顶向四周射出多条放射肋，生长线形成同心环状。壳内珍珠光泽明显。栖息于温带至热带海域潮间带岩礁间。

### 4. 嫁蝛 *Cellana toreuma* (Reeve, 1854)

别名花笠螺。

贝壳呈笠形，低平，壳口长 27 mm。周缘呈长卵圆形，前部比后部窄瘦。壳质较薄，近半透明。壳顶近前方，略向前方弯曲。壳表具有许多细小而密集的放射肋；生长纹较细，不明显。壳面颜色多变，通常呈锈黄色或青灰色，并布有不规则的褐色斑纹和较小的橙色斑带。壳内面银灰色，具有较强的珍珠光泽，中间部分为浅褐色；壳内面能清楚地透视壳面的花纹。

常见种，分布于中国南北海域；西太平洋。栖息于高潮线附近的岩石上。

# 马蹄螺科 Trochidae Rafinesque, 1815

贝壳多呈圆锥形或蜗牛形，有的呈耳形。壳表常具颗粒、瘤结或棘等。贝壳底部较平坦，多具同心肋。壳口方圆形或马蹄形。壳内珍珠层厚，厣角质，圆形多旋。多栖息于潮间带至浅海，以藻类为食。有的贝壳可用作中药材，名为"海决明"。台湾地区称钟螺科。

## 5. 马蹄螺 *Trochus maculatus* Linnaeus, 1758

别名斑马蹄螺、花斑钟螺、锅盖螺。

贝壳圆锥形，壳质坚厚，壳长 45 mm。螺旋部高，缝合线明显但较浅。壳表具颗粒状突起连成的螺肋。壳面灰白色或暗绿色，具紫色斑纹或暗红色斑点。壳基部平，密布颗粒状同心螺肋和紫褐色波状花纹。壳口斜，轴唇具 4 个圆钝的皱褶。脐孔呈漏斗状。厣角质，褐色。

分布于台湾岛和广东以南海域；印度—西太平洋。栖息于潮间带至浅海岩石或珊瑚礁质海底。

## 6. 近亲马蹄螺 *Trochus creniferus* Kiener, 1880

贝壳圆锥形，壳长 24 mm。壳质坚厚，壳周较膨胀。壳表具粗细相间、由串珠状颗粒组成的螺肋。壳面浅黄色，具暗红色纵向分布的波状条斑。底部平，颗粒肋粗而均匀，其上有淡红色条斑，向中心部渐细。壳口斜，外唇内侧具整齐排列的螺纹；轴唇具 4 ~ 5 个圆钝的皱褶。脐部漏斗状，具假脐。

分布于台湾岛、广西沿岸、海南岛、西沙群岛和南沙群岛；热带西太平洋。栖息于潮间带至浅海珊瑚礁间。

## 7. 尖角马蹄螺 *Rochia conus* (Gmelin, 1791)

贝壳高圆锥形，螺旋部尖突，壳长 57 mm。壳质坚厚。螺层约 9 层，缝合线明显，但较浅。螺旋部上部粗、细肋相间，粗肋由念珠状颗粒组成，细肋上颗粒甚小或不明显；螺旋部下部和体螺层螺肋宽度较匀，越向下颗粒越不明显。体螺层与壳基部相交处略膨圆。壳面乳白色，具放射状紫红色条斑，纵向斜行分布。底面同心环肋粗匀光滑，上有断续的长条形紫红色斑。内唇和外唇厚实，内壁光滑，有珍珠光泽。脐部厚实，具珍珠光泽；具假脐。

分布于西沙群岛；日本奄美大岛和菲律宾。栖息于低潮区的岩礁或珊瑚礁间。

### 8. 大马蹄螺 *Rochia nilotica* (Linnaeus, 1767)

别名马蹄钟螺、公螺。

壳大坚厚，壳长 100 mm，圆锥形。每螺层的下部靠近缝合线的上方有一列粗大的瘤状突起。壳面灰白色，具紫红色或暗红色的火焰状纵行花纹。被黄褐色壳皮。壳底平，有与壳表相同的花纹。外唇简单，内唇厚。脐孔漏斗状。壳内珍珠层厚。厣角质，黄褐色，质轻薄。

分布于台湾岛和南海；印度—西太平洋。栖息于低潮线至水深 30 m 的岩礁或珊瑚礁海底。

### 9. 塔形扭柱螺 *Tectus pyramis* (Born, 1778)

别名银塔钟螺。

贝壳正圆锥形，壳顶尖，壳长 70 mm。壳质坚厚。缝合线处环生一些圆形的中空棘状突起。壳面青灰色，颜色均匀，具绿色的斜行斑纹。基部平，呈白色，较光滑，密布细的同心螺纹。螺轴扭曲成耳状突起；外唇薄，内壁较平滑，有 3 ～ 4 条浅沟纹。无脐孔。厣角质，淡黄褐色，半透明。

分布于台湾岛和广东以南海域；印度—西太平洋。栖息于潮下带上部的岩礁或珊瑚礁海底。

## 10. 三列扭柱螺 *Tectus triserialis* (Lamarck, 1822)

别名尖山钟螺。

贝壳高圆锥形，壳长 32 mm。壳质坚厚，壳周削斜。螺层 11 ～ 12 层，呈宽隆脊状，与宽凹沟相间，具数行略呈圆形的颗粒结节，缝合线不明显。壳面浅棕色，具棕色粗条纹。基部较平，白色，较光滑，具同心细螺纹。螺轴厚，弯成耳状突起；外唇厚，内壁平滑，内侧厚实简单。无脐孔。

分布于西沙群岛；热带西太平洋。栖息于浅海岩礁及珊瑚礁质海底。

## 11. 单齿螺 *Monodonta labio* (Linnaeus, 1758)

别名草席钟螺。

贝壳小，近卵圆形，壳长 20 mm。壳质坚厚。螺层 6 ～ 7 层，缝合线浅，体螺层周缘膨隆。壳表螺肋突出，由规则的黄褐色与暗绿色或褐色相间的方块形颗粒组成。基部隆起，脐部白色，轴唇上有一枚发达的尖齿。无脐孔。

常见种，分布于中国南北海域；印度—西太平洋。栖息于潮间带岩礁或砾石间。

## 12. 金口螺 *Chrysostoma paradoxum* (Born, 1780)

贝壳小，近球形，壳长 20 mm。螺旋部小，体螺层较大，壳面膨圆，缝合线明显。壳表光洁，密布细丝状生长线。壳面淡黄色或红黄色，具有横列的褐色三角形花纹，或有分布不均匀的淡紫褐色斑点。壳口卵圆形、完整，内面金黄色。外唇简单，内唇向脐孔部扩伸形成一金黄色胼胝。

分布于台湾岛南部、海南岛、西沙群岛和南沙群岛；日本和东南亚海域。栖息于潮间带至浅海沙质海底和砾石质海底。

## 13. 小口光隐螺 *Camitia rotellina* (Gould, 1849)

别名漩涡钟螺。

贝壳小，近扁圆形，壳长 11 mm，壳质薄。螺层 3 层，周缘膨展，中部微隆。壳面光滑，布满浅棕色闪电状波纹。缝合线上及体螺层中部有深棕色条状断续斑纹。脐部大半被滑层覆盖，脐孔较浅。

分布于台湾岛和西沙群岛；菲律宾和琉球群岛海域。栖息于潮下带的沙质海底。

### 14. 缘驼峰螺 *Eurytrochus affinis* (Garrett, 1872)

　　贝壳低圆锥形，壳长 7 mm。壳周缘膨圆，缝合线浅，螺肋平滑。壳面淡褐色，布有密集的深褐色虚线状环带，壳顶略呈红褐色。底面微隆，有细密的环肋，肋上有深褐色虚线状环带；脐孔位于中央，大而深。壳口圆形，内具珍珠光泽。

　　分布于西沙群岛和南沙群岛；日本和菲律宾。栖息于潮间带至浅海珊瑚礁间。

# 海豚螺科 Angariidae Gray, 1857

　　螺旋部低平，体螺层大。壳面粗糙，有螺肋、鳞片或棘刺突起。壳口近圆形，脐孔大或无。厣角质，圆形，核位于中央。

## 15. 海豚螺 *Angaria delphinus* (Linnaeus, 1758)

　　壳长 50 mm。壳质坚厚。壳顶低平，螺旋部各层呈阶梯状，体螺层宽大；壳表粗糙，各螺层肩角上具鳞片和枝状棘，以体螺层肩部的一列最强大；壳面灰白色或紫褐色；壳口内面具珍珠光泽；脐孔位于中央，大而深。

　　分布于我国东海和南海；印度—西太平洋。栖息于低潮线附近岩礁间。

# 蝾螺科 Turbinidae Rafinesque, 1815

贝壳多呈陀螺形、圆锥形或星形等，壳质坚厚。体螺层通常膨大，贝壳表面平滑或有螺肋、棘或突起等。壳口多为圆形，壳内珍珠层厚。厣石灰质，坚厚，外凸内平，可做中药材，名为"甲香"。分布于热带和温带海域，以藻类为食。

### 16. 金口蝾螺 *Turbo chrysostomus* Linnaeus, 1758

贝壳陀螺形，壳长 48 ~ 62 mm，壳质坚厚。壳表环生密集而粗糙的螺肋，肋上和肋间具覆瓦状的小鳞片。螺层的肩部具发达的中空短棘突。壳面淡黄色，有纵行的棕褐色斑纹。壳口圆形，内金黄色，无脐孔。厣石灰质，外橘黄色，近边缘处色浓，中央部呈墨绿色。

分布于台湾岛和南海；热带印度—西太平洋。栖息于低潮线附近的岩礁间，较常见。

## 17. 银口蝾螺 *Turbo argyrostomus* Linnaeus, 1758

贝壳近似金口蝾螺，壳长 58 mm。壳表具较粗的螺肋，肋间具细小的鳞片。螺旋部和体螺层偏上方、偏下方的肋上有发达的中空短棘突。壳面淡黄色，有纵行的紫褐色斑纹。壳口圆形，内银色，有光泽。脐孔大而深。厣石灰质，外橘黄色，中央部暗绿色，具小颗粒。

分布于台湾岛和南海；热带印度—西太平洋。栖息于低潮线附近的岩礁间。

## 18. 蝾螺 *Turbo petholatus* Linnaeus, 1758

别名猫眼蝾螺、带蝾螺。

贝壳圆锥形，壳长 52 ~ 68 mm，各螺层膨圆。壳面褐色，平滑有光泽，饰有粗细相间的深色螺带，螺带上有浅色小条斑。壳口圆形，具珍珠光泽，无脐孔。厣石灰质，近外缘处呈棕黄色，有明显的小颗粒；近内缘处呈白色，中央部呈墨绿色，内缘处和中央部颗粒不明显。

分布于台湾岛、西沙群岛和南沙群岛；印度—西太平洋。栖息于珊瑚礁质海底。

### 19. 节蝾螺 *Turbo bruneus* (Roding, 1798)

贝壳圆锥形，壳长 33 mm，壳质坚厚，周缘较膨圆。壳表粗糙，缝合线深，有粗细相间的螺肋，肋上有小结节。壳色多变，通常为褐色和黄绿色间杂。壳口圆形，灰白色，有珍珠光泽。外唇内壁呈墨蓝色。脐孔小。厣石灰质，表面光滑，近外缘处呈黄绿色，近内缘处呈白色，中央部呈墨绿色。

常见种，分布于广东以南海域；印度—西太平洋。栖息于潮间带中、低潮区的岩礁间。

### 20. 粒花冠小月螺 *Lunella coronata* (Gmelin, 1791)

别名珠螺。

壳体中小型，呈球形，略扁，壳长 24 mm，壳质坚厚。壳表具细螺肋，由近圆形颗粒组成，每螺层的中部和体螺层上生有发达的粗螺肋，肋上具瘤状结节。壳面黄褐色或棕褐色。底面隆起。壳口圆形，内壁浅黄色，有光泽。脐孔明显。

常见种，分布于浙江和台湾岛以南海域；印度—西太平洋。栖息于潮间带的岩石间。

## 21. 紫底星螺 *Astralium haematragum* (Menke, 1829)

别名红底星螺、白星螺。

贝壳圆锥形，壳长 30 mm，壳质厚实。螺层不膨出，各螺层下缘近缝合线处环生一列棘突，棘突长度自上而下增加。壳面灰白色，略带淡紫色。底面平坦，近滑层边缘处呈紫色，生有许多鳞片组成的环肋。壳口内壁光滑，具珍珠光泽。无脐孔。厣石灰质，常呈紫红色。

分布于台湾岛和福建南部以南海域；日本和菲律宾。栖息于潮间带至浅海岩礁海底。

## 22. 坚星螺 *Astralium petrosum* (Martyn,1784)

贝壳圆锥形，壳长 25 mm，壳质坚厚。壳面黄白色，粗糙不平；每螺层下缘近缝合线处有一列发达的管状棘突。底面平坦，呈白色，生有许多鳞片组成的环肋。脐部光滑，无脐孔。厣石灰质，白色。

分布于西沙群岛和南沙群岛；热带西太平洋。栖息于潮间带至浅海珊瑚礁质海底。

# 蜑螺科 Neritidae Rafinesque, 1815

贝壳近球形或半球形，壳质较厚。螺旋部低小，体螺层膨大。壳口半月形或卵圆形，内唇滑层宽厚，中部常具齿刻或平滑无齿；厣石灰质，半圆形。主要分布于热带地区，栖息于潮间带岩礁质海底，有的种类栖息于少量海水注入的河口区或小溪中。主要以海藻为食。

### 23. 渔舟蜑螺 *Nerita albicilla* Linnaeus, 1758

贝壳卵圆形，壳长 8 ~ 23 mm。螺旋部小，螺旋部几乎全部缩入体螺层中。螺肋宽而低平，肋间沟窄。壳色有变化，多为青灰色，具黑色云斑和色带。壳口半圆形，内面瓷白色，外唇内缘具细齿列；内唇宽广，滑层发达，表面有大小不等的颗粒突起。厣石灰质，半圆形。

常见种，分布于台湾岛和福建以南海域；日本、菲律宾及印度洋等海域。栖息于潮间带岩石上。

## 24. 肋蜒螺 *Nerita costata* Gmelin, 1791

别名黑肋蜒螺。

贝壳卵圆形，壳长 40 mm。螺旋部低小，体螺层几乎占贝壳全部。壳面具 10 余条黑色粗大的螺肋，肋间距窄，被黄褐色壳皮。壳口半月形。外唇边缘具黑色镶边，内缘加厚，有 7 枚齿，两侧齿尤为发达；内唇向外扩展与外唇相连，白色或淡黄色，有褶襞，内缘有 4 枚齿。厣石灰质，半圆形，表面具细小的颗粒。

分布于台湾岛和广东以南海域；日本、菲律宾及印度尼西亚等海域。栖息于潮间带岩礁或珊瑚礁间。

## 25. 褶蜒螺 *Nerita plicata* Linnaeus, 1758

贝壳近球形，壳长 18 mm。壳顶尖，螺旋部小，体螺层膨圆。壳表有均匀分布的粗螺肋，壳面黄白色或微带淡粉色，有时杂有少数黑色斑点。壳面黄白色或微带淡红色，有的杂有少数黑色斑点。壳口新月形，内面白色，外唇内缘和内唇内缘有发达的齿，内唇滑层具褶襞。厣石灰质，半圆形。

广布种，分布于台湾岛和广东以南海域；印度—西太平洋。栖息于潮间带岩石或珊瑚礁间。

## 26. 锦蜒螺 *Nerita polita* Linnaeus, 1758

别名玉女蜒螺。

贝壳近球形，壳长 32 mm，壳质坚厚。螺旋部低平，体螺层膨大，几乎占据壳全部。壳表光滑，具细而明显的螺纹。壳色有变化，通常呈白色或浅灰绿色，具灰黑色云斑，或有 3 条粗大的红色色带。壳口近似半圆形，白色，外唇内缘具细弱的齿列；内唇宽广，微凸，光亮平滑，内缘中部具 3 枚短齿。厣石灰质，半圆形，外缘刻有整齐的细纹。

分布于台湾岛、海南岛、西沙群岛和南沙群岛；印度—西太平洋。栖息于潮间带岩礁或珊瑚礁间。

## 27. 波纹蜑螺 *Nerita undata* Linnaeus, 1758

别名粗纹蜑螺。

贝壳近球形，壳长 20 mm；壳质厚。螺旋部小，缝合线稍明显，壳顶突出，体螺层膨大。壳表具细而均匀的螺肋；壳面灰褐色，具灰黑相杂的斑纹；壳口半圆形，色白有光泽，壳口缘有黄色色带；外唇外缘有细小的缺刻，内缘具一列细小的齿，上端第一枚齿较发达；内唇较宽，表面具褶襞，内缘中部有 3 枚发达的齿；厣石灰质，半圆形，表面青灰色，具颗粒状小突起。

分布于台湾岛和广东以南海域；日本、菲律宾等海域。栖息于潮间带岩礁或珊瑚礁间。

## 28. 条蜑螺 *Nerita striata* Burrow, 1815

别名高腰蜑螺。

壳长 28 mm。本种与波纹蜑螺近似，但壳表更光滑，螺肋相对较细。

分布于台湾岛和广东以南海域；日本、菲律宾等海域。栖息于潮间带岩礁间。

## 拟蜑螺科 Neritopsidae Gray, 1847

贝壳半球形。螺旋部低，体螺层膨圆。壳面白色，具小颗粒组成的螺肋。壳口广大。外唇边缘常有齿状缺刻；内唇厚。厣石灰质，近方形或扇形。台湾地区称珍珠蜑螺科。

### 29. 齿舌拟蜑螺 *Neritopsis radula* (Linnaeus, 1758)

别名珍珠蜑螺。

贝壳半球形，壳长 32 mm，壳质坚厚。螺旋部小，壳顶微凸出，体螺层膨圆，缝合线深。壳面洁白，布满由念珠状的突起组成的螺肋，肋间有格子状的细纹。壳底膨胀，壳口大，近圆形。外唇简单，边缘有齿状缺刻，内侧肥厚；内唇厚，中央部有一直方形凹陷。

分布于台湾岛、西沙群岛和南沙群岛；印度—西太平洋。栖息于浅海岩礁间的洞穴内。

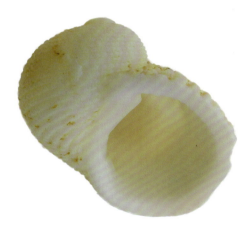

# 滨螺科 Littorinidae Children, 1834

贝壳较小，呈卵圆形、圆锥形或陀螺形。表面平滑或具螺肋和结节等，色泽不鲜艳。壳口圆形，厣角质。生活在潮间带高潮区、潮水的浪花能击到的岩石或红树上。台湾地区称玉黍螺科。

## 30. 波纹拟滨螺 *Littoraria undulata* (J. E. Gray, 1839)

贝壳尖锥形，壳长 11 mm。螺旋部高，缝合线深，螺层稍显膨胀，具细密的螺肋。壳色有变化，从灰黄、灰色至淡褐色，并杂有紫褐色纵行的波纹状花纹；壳口圆，上端稍尖，下端略呈截形，内面浅褐色。厣角质，褐色。

分布于台湾岛和南海；印度—西太平洋广布种。栖息于高潮线附近的岩礁上。

## 31. 塔结节滨螺 *Nodilittorina pyramidalis* (Quoy & Gaimard, 1833)

别名颗粒玉黍螺。

贝壳尖锥形，壳长 7 mm。螺旋部较高，体螺层稍膨大。壳面青灰色，具发达的粒状突起和细螺肋，突起部位颜色较浅。壳口椭圆形，内紫褐色。厣角质，褐色。

分布于我国东海和南海；印度—西太平洋。栖息于高潮区的岩礁上。

# 锥螺科 Turritellidae Lovén, 1847

贝壳呈尖锥形，壳体修长，螺层很多，螺旋部高，体螺层低。壳面常有或粗或细的螺肋。壳口圆形或卵圆形。厣角质。栖息于浅海至水深上千米的深海沙质或泥沙质海底。以有机碎屑或浮游生物为食。

## 32. 棒锥螺 *Turritella bacillum* Kiener, 1843

贝壳尖锥形，壳长 50 mm，壳质坚厚。缝合线深，呈沟状；螺旋部高，每螺层下部微膨胀，体螺层短。螺旋部每螺层有 5 ~ 7 条排列不匀的螺肋，肋间具细肋；壳面黄褐色或灰紫色；壳口近圆形，内有与壳表螺肋相同的沟纹；外唇薄；厣角质，圆形。

分布于我国东海和南海；日本、斯里兰卡等海域。栖息于低潮线至水深数十米的泥沙质海底。

## 33. 颈环锥螺 *Turritella monilifera* (Adams & Reeve, 1850)

贝壳尖锥形，壳长 46 ~ 52 mm。螺旋部高，各螺层宽度均匀增加，缝合线明显。每螺层的上部和下部隆起，在中部形成凹陷的螺沟；壳表具明显的细螺肋，肋间具细肋。壳面白色，有的个体饰有稀疏的淡褐色斑。壳口小，近圆形，内白色。

分布于南沙群岛；日本、菲律宾海域。栖息于水深 10 ~ 50 m 的海底。

# 蛇螺科 Vermetidae Rafinesque, 1815

贝壳长管状或盘踞呈蛇状，不规则卷曲。壳面粗糙，有纵肋或鳞片状雕刻。壳口圆形或卵圆形。厣角质，较厚。通常以全壳固着在岩石或其他物体上生活，有的仅壳口稍游离。

### 34. 大管蛇螺 *Ceraesignum maximum* (G. B. Sowerby I, 1825)

贝壳较大，壳质厚而结实。全壳扭曲成不规则的管状，大部分常为珊瑚所包被。壳面灰白或黄灰色，表面粗糙。生长线细密，常形成皱褶。壳口近圆形，内面瓷白色；厣角质。

分布于台湾岛、海南岛、西沙群岛和南沙群岛；热带西太平洋。栖息于低潮线附近至浅海珊瑚礁间。

### 35. 覆瓦小蛇螺 *Thylacodes adamsii* (Mörch, 1859)

贝壳管状，盘踞呈蛇形，大部分固着在岩石或其他物体上，仅壳口稍游离；壳面灰白色或淡褐色，具粗细相间的螺肋，壳口圆形或卵圆形，内呈褐色。

分布于浙江以南海域；日本、菲律宾等海域。固着在潮间带的岩石或其他物体上生活。

# 平轴螺科 Planaxidae Gray, 1850

贝壳圆锥形或长卵形，形状类似于滨螺，但有浅的水管沟。壳面光滑，有时具雕刻；壳口卵圆形。无脐孔。栖息于潮间带高潮区的岩礁上。台湾地区称芝麻螺科。

## 36. 平轴螺 *Planaxis sulcatus* (Born, 1778)

别名芝麻螺。

贝壳长卵形，壳长 20 mm。螺旋部高，螺层约 6 层，体螺层稍膨大。壳面灰白色，具排列整齐的低平螺肋，其上有褐色或紫褐色斑块，在壳面上形成纵行的色带。壳口半圆形，内具放射细肋，轴唇白色。

分布于我国东海和南海；印度—西太平洋。栖息于潮间带高潮区的岩石上，群生。

# 独齿螺科 Modulidae P. Fischer, 1884

贝壳较小，螺旋部低平，体螺层宽大，贝壳表面较粗糙，有小结节突起。壳口大，轴唇上有一枚明显的齿，有脐孔，厣角质，薄。分布于热带和亚热带，栖息于潮间带岩石或珊瑚礁间。台湾地区称壶螺科。

### 37. 平顶独齿螺 *Indomodulus tectum* (Gmelin, 1791)

别名壶螺。

贝壳近拳头形，壳长 17 mm。螺旋部低平，体螺层膨大，上部扩张成一斜平面，肩角处有 10 余条斜行的纵肋。螺肋较细，有结节突起。壳面黄白色，布有稀疏的褐色斑点，在体螺层及肩部形成 3 条色带。壳口近圆形，内面淡紫色，在轴唇近基部处有一枚发达的齿。

分布于台湾岛和西沙群岛；印度—西太平洋暖水区。栖息于浅海岩礁或珊瑚礁区。

# 汇螺科 Potamididae H. Adams & A. Adams, 1854

贝壳尖锥形，螺旋部高，体螺层低。壳表常具纵横螺肋和粒状突起。壳口近圆形，前沟短。厣角质。台湾地区称海蜷螺科。

## 38. 沼笋光螺 *Terebralia palustris* (Linnaeus, 1767)

别名泥海蜷。

贝壳尖锥形，壳长 60 mm。螺旋部高，缝合线明显。壳表黑褐色，具细螺沟和粗纵肋，交织呈格子状。壳口半圆形，内面黑褐色，内部深处有明显的齿状突起。

分布于台湾岛；印度—西太平洋。栖息于河口或红树林沼泽中。

注：标本采自南沙群岛的砂砾堆中，壳口缺损。采集点周边的生境与文献资料中描述的栖息环境不甚相符。

## 滩栖螺科 Batillariidae Thiele, 1929

贝壳较小，呈尖锥形，螺旋部高。壳面常具有纵横螺肋或结节突起。壳口卵圆形，前沟短，有后沟。厣角质。为近岸栖息的种类，主要生活在潮间带或有淡水注入的河口附近的泥沙或软泥滩上，有群居习性，以有机碎屑为食。以往归于汇螺科 Potamididae，由于其齿舌等差异，已独立成科。台湾地区称小海蜷螺科。

### 39. 疣滩栖螺 *Batillaria sordida* (Gmelin, 1791)

别名黑瘤海蜷。

贝壳呈长锥形，壳长 22 mm。壳顶尖，体螺层膨圆。壳表粗糙，灰褐色，具规则排列的螺肋，肋间有白色细纹，肋上排列有黑褐色疣状突起，每螺层有两行，体螺层有 5 ~ 6 行。壳口卵圆形，外唇边缘常有黑褐色镶边；轴唇瓷白色。前沟缺刻状。厣角质，具螺旋纹。

分布于台湾岛和福建以南海域；西太平洋。栖息于潮间带岩石上，喜群栖。

# 蟹守螺科 Cerithiidae J. Fleming, 1822

贝壳长纺锤形或尖锥形，壳质坚厚，螺旋部高，螺层数多。壳表常有纵横肋和结节突起等。壳口卵圆形，成熟个体外唇肥厚，内唇滑层发达，前水管明显。厣角质。

## 40. 蟹守螺 *Cerithium nodulosum* Bruguière, 1792

别名宝塔蟹守螺。

贝壳尖塔形，壳长 97 mm，壳质坚厚。壳表粗糙，布有低平的螺肋，每螺层中部具发达的角状突起。壳面灰白色，杂有褐色斑点和斑纹。壳口卵圆形，内白色，外唇边缘具缺刻，轴唇上、下方各具一个褶襞。前沟稍斜，后沟较短。厣角质。

分布于台湾岛、海南岛、西沙群岛和南沙群岛；热带印度—西太平洋。栖息于低潮线附近的浅海珊瑚礁间或沙质海底。

## 41. 棘刺蟹守螺 *Cerithium echinatum* Lamarck, 1822

贝壳塔形，壳长 55 mm，壳质坚厚。壳表粗糙，具不均匀的螺肋，每螺层肩部具较强的短角状突起。壳面白色，布有褐色斑点和斑纹。壳口卵圆形，内瓷白色，外唇边缘具缺刻，轴唇上方具一个褶襞。前沟曲向背方，后沟缺刻状。厣角质。

分布于台湾岛、海南岛、西沙群岛和南沙群岛；印度—西太平洋。栖息于低潮线至浅海珊瑚礁间。

### 42. 圆柱蟹守螺 *Cerithium columna* G. B. Sowerby Ⅰ, 1834

别名塔蟹守螺。

贝壳尖锥形，壳长 28 mm。螺旋部高，约 9 层，缝合线明显。壳表粗糙，具不均匀的螺肋和发达的纵肋，各螺层中部具瘤状突起。壳面黄白色，具褐色的斑点和短线条。壳口卵圆形，外唇边缘具缺刻。前沟半管状，后沟短。厣角质。

分布于台湾岛、海南岛、西沙群岛和南沙群岛；印度—西太平洋。栖息于潮间带至浅海岩礁质海底。

### 43. 珊瑚蟹守螺 *Cerithium coralium* Kiener, 1841

贝壳小型，呈锥状，壳长 12 mm。螺旋部高，体螺层微膨胀。每螺层有 3 行螺肋，与细纵肋交织形成颗粒状突起。壳面褐色，螺肋深褐色。壳口近圆形，外唇厚，外缘具细齿状突起，轴唇具滑层。厣角质，褐色。

分布于台湾岛和西沙群岛；西太平洋。栖息于潮间带岩石上。

## 44. 玉带蟹守螺 *Cerithium munitum* G. B. Sowerby Ⅱ, 1855

贝壳塔形，较小，壳长 30 mm。螺旋部高，缝合线浅。壳表粗糙，具不均匀的螺肋和发达的纵肋，各螺层上部散布有 2 ～ 3 行结节突起。壳面淡褐色，有的个体在结节突起处有一条白色的螺带。壳口卵圆形，内白色。外唇边缘具缺刻。前沟半管状，后沟短。

分布于台湾岛和南沙群岛；印度—西太平洋。栖息于潮下带至浅海珊瑚礁间或沙质海底。

## 45. 岛栖蟹守螺 *Cerithium nesioticum* Pilsbry & Vanatta, 1906

贝壳小，呈细锥状，壳长约 17 mm，壳质坚厚。螺旋部高，缝合线浅。壳表具细密的螺肋和纵肋。壳面黄白色，每螺层缝合线下方隐约可见淡褐色斑点构成的环带。壳口较小，卵圆形，内唇稍扩张。前、后沟短小，缺刻状。

分布于台湾岛和西沙群岛；印度—西太平洋。栖息于潮间带至浅海岩礁间。

### 46. 芝麻蟹守螺 *Cerithium punctatum* Bruguière, 1792

贝壳小，呈锥状，壳长 12 mm。螺旋部高，缝合线浅。壳表具不甚明显的粗螺肋，肋间刻有细螺纹。壳面黄白色，具褐色块状斑点。壳口较小，卵圆形，内面白色；外唇薄，轴唇淡紫色。前沟短，缺刻状。

分布于台湾岛和南海；西太平洋。栖息于潮间带岩石上，喜群栖。

### 47. 特氏蟹守螺 *Cerithium traillii* G. B. Sowerby Ⅱ, 1855

贝壳锥形，壳长 38 mm。螺旋部高，具纵肿肋。壳表具颗粒状突起的螺肋，肋间具细肋。壳面淡黄色，颗粒突起颜色较深。壳口卵圆形，外唇边缘加厚，有齿状缺刻；内唇稍扩张。前、后沟短小。厣角质。

分布于台湾岛、海南岛和西沙群岛；热带西太平洋。栖息于潮间带至浅海岩礁或沙质海底。

## 48. 褐带蟹守螺 *Cerithium zonatum* (W. Wood, 1828)

别名斑马楯桑椹螺。

贝壳锥形，螺旋部高。壳表纵横螺肋相交形成念珠状突起，纵肿肋不规律。每螺层上部白色，下部褐色；体螺层具相间的褐白色螺带各两条。壳口卵圆形，外唇厚。

分布于台湾岛、广东沿岸海域、海南岛和西沙群岛；热带西太平洋。栖息于高潮区的岩石或海滩上。

## 49. 双带楯桑椹螺 *Clypeomorus bifasciata* (G. B. Sowerby Ⅱ, 1855)

贝壳锥形，壳长 22 mm。螺旋部高，4 ~ 5 层，缝合线明显。壳面密布成行排列的环形黑褐色颗粒突起，突起间颜色较淡，灰白色。壳口小，卵圆形，内白色，外唇厚。前沟短，缺刻状。

分布于台湾岛和广东以南海域；印度—西太平洋。常群栖于潮间带至浅海岩礁间。

## 50. 中华锉棒螺 *Rhinoclavis sinensis* (Gmelin, 1791)

贝壳尖锥形，壳长 52 mm。螺旋部高，壳顶尖，体螺层基部收窄，腹面平。壳表具小颗粒突起连成的螺肋，在每一螺层的上部、紧靠缝合线下方，有一条由结节突起连成的强肋；各螺层上具有位置不定的纵肿肋。壳面黄褐色，布有紫色斑或褐色斑点和斑块。壳口斜卵形，内面白色。外唇简单，内唇扩张，其上有肋状皱褶。前沟半管状，向背方弯曲；后沟明显。厣角质，卵圆形。

分布于台湾岛和福建以南海域；印度—西太平洋。栖息于潮间带至浅海沙质海底。

## 51. 普通锉棒螺 *Rhinoclavis vertagus* (Linnaeus, 1767)

别名竹笋蟹守螺。

贝壳笋形，壳长 54 mm。螺层数层，表面纵肋和螺肋相交形成颗粒突起，向下方逐渐消失，仅纵肋较粗，有的螺层具纵肿肋。壳面黄白色。壳口斜卵形，内白色，内唇厚，轴唇下方具一枚肋状齿。前沟半管状，向背方弯曲；后沟小。

分布于台湾岛和南海。栖息于潮间带中、低潮区至浅海沙质海底。

## 52. 长笋锉棒螺 *Rhinoclavis fasciata* (Bruguière, 1792)

壳长 46 ~ 57 mm。形似普通锉棒螺，但本种壳形更修长。壳表具发达的纵肋和稀疏细弱的螺肋。壳面白色，有的个体具淡褐色螺带、环纹及斑块。壳口小，斜卵形，内白色。外唇薄，内唇扩张。前沟向背方弯曲，后沟缺刻状。

分布于台湾岛、西沙群岛和南沙群岛；印度—西太平洋。栖息于潮间带低潮区至水深20 m 的沙质海底。

## 53. 粗纹锉棒螺 *Rhinoclavis aspera* (Linnaeus, 1758)

别名秀美蟹守螺。

贝壳锥形，壳长 32 ~ 36 mm。壳表具发达的纵肋和较弱的螺肋，相交形成齿状结节，在不同位置常出现纵肿肋。壳面白色，缝合线上方常具一条淡褐色环纹，其他各部位偶尔出现黄色斑或淡褐色色带。壳口小，斜卵形，内白色。外唇薄，稍外卷；内唇扩张。前沟半管状，前端向背方弯曲，后沟缺刻状。

分布于台湾岛、西沙群岛和南沙群岛。栖息于潮间带至浅海沙滩上。

## 马掌螺科 Hipponicidae Troschel, 1861

贝壳呈笠状，壳质坚厚或薄，壳顶尖，朝向后方，壳面有放射肋、同心轮脉或皱褶，有的具壳皮。壳口大，内简单无隔片或具有一个近似 V 形半漏斗状的隔片；无厣。主要栖息于浅海，附着在珊瑚礁和其他贝壳上，有的小个体附着在大的个体表面生活。台湾地区称顶盖螺科。

### 54. 圆锥马掌螺 *Sabia conica* (Schumacher, 1817)

别名顶盖螺。

贝壳低圆锥形，壳长约 13 mm，壳质坚厚。无螺旋部，壳顶朝向后方，自壳顶向四周放射出发达的螺肋；壳面土黄色或灰褐色；壳内面瓷白色，周缘具齿状缺刻。

分布于台湾岛、海南岛和西沙群岛；印度—西太平洋。常附着生活在其他贝壳上，附着处常形成凹陷。

# 帆螺科 Calyptraeidae Lamarck, 1809

贝壳呈帽状或扁平的椭圆形，壳面平滑或有放射状和螺旋状雕刻。壳口大，内面光滑，后方具有一个薄的折叠呈扁管状的隔板。常附着在岩石或其他贝壳上。台湾地区称舟螺科。

## 55. 笠帆螺 *Desmaulus extinctorium* (Lamarck, 1822)

别名笠舟螺。

贝壳斗笠形，壳口长 31 mm，壳质较薄。壳顶高起，钝，位于中央。壳表光滑，同心生长纹细致。壳面黄白色或淡棕色，有的杂有棕色斑点或放射状花纹，壳顶颜色较深。壳口广大，壳内隔片较小，呈牛角管状。

分布于台湾岛和南海；日本、印度尼西亚及菲律宾等海域。栖息于低潮线附近，附着在岩石或者其他大型贝壳上生活。

# 瓦泥沟螺科 Vanikoridae Gray, 1840

贝壳球形，壳质不厚，呈白色，螺旋部低小，体螺层膨圆。壳面有纵横螺肋或螺纹。壳口广大，脐孔小。厣角质，薄而透明。主要分布于热带和亚热带，栖息于浅海石砾或珊瑚礁间海底。台湾地区称白雕螺科。

### 56. 僧帽瓦泥沟螺 *Vanikoro cancellata* (Lamarck, 1822)

贝壳球形，壳长 23 mm。螺旋部低小，体螺层膨圆。壳面白色，壳表具细密的螺肋和放射状的纵肋，二者交织呈小格子状。壳口大，近圆形，内白色。厣角质。脐孔小。

分布于台湾岛和西沙群岛；印度—西太平洋。栖息于浅海岩礁和珊瑚礁质海底。

### 57. 螺旋瓦泥沟螺 *Vanikoro helicoidea* (Le Guillou, 1842)

壳长 20 mm。本种与僧帽瓦泥沟螺近似，但表面纵肋很弱，仅在顶部较明显。

分布于台湾岛和西沙群岛；印度—西太平洋。栖息于浅海岩礁和珊瑚礁质海底。

# 凤螺科 Strombidae Rafinesque, 1815

贝壳形态多变，壳质通常较厚重。壳面花纹雕刻丰富多彩。体部通常扩张，具有突起。壳口狭长，具前、后水管沟，外唇宽厚，前端常有 U 形凹槽，称为"凤凰螺缺刻"。厣角质，小，不能覆盖壳口，多呈柳叶形，边缘常呈锯齿状。最具特色的是有一对很发达的眼，眼柄特别长，可自由伸缩，能从前沟和凤凰螺缺刻处伸出窥视外部。主要分布于热带和亚热带海域，从潮间带至浅海沙、泥沙和珊瑚礁环境中均有栖息，以藻类和有机碎屑为食。台湾地区称凤凰螺科。

## 58. 斑凤螺 *Lentigo lentiginosus* (Linnaeus, 1758)

别名粗瘤凤凰螺。

贝壳略呈方形，壳长 70 mm，壳质厚重。贝壳腹面光滑具光泽，背面粗糙不平，具有大小不等的瘤状突起。壳面灰白色，有不规则的褐斑及条纹。壳口长，内橙色，外缘为乳白色，富有光泽。外唇厚且外翻。

分布于台湾岛、海南岛、东沙群岛、西沙群岛和南沙群岛；印度—西太平洋。栖息于浅海珊瑚礁间或岩礁间的沙质海底。

### 59. 篱凤螺 *Conomurex luhuanus* (Linnaeus, 1758)

别名红娇凤凰螺、公主螺、红口螺。

贝壳倒圆锥形，壳长 63 mm，壳质坚厚。螺旋部低，缝合线明显，体螺层骤然增大，肩部圆。壳面平滑，白色，饰有宽度不规则的褐色螺带，内含褐色的纵行波纹；常被黄褐色壳皮。壳口窄长，内橘红色，轴唇黑褐色。厣角质，小，边缘呈锯齿状。

分布于台湾岛和广东以南海域；印度—西太平洋暖水区。栖息于潮间带海藻丛生的岩石间或珊瑚礁间的沙质海底。

## 60. 花凤螺 *Canarium mutabile* (Swainson, 1821)

别名花瓶凤凰螺。

贝壳近纺锤形,壳长 24 ~ 28 mm。螺旋部低圆锥形,缝合线明显。背部具数个结节,基部有细螺肋。壳面黄白色,光滑,具褐色螺带和花纹。壳口梭形,内玫瑰红色或淡橘黄色,刻有细密的螺纹。外唇边缘加厚,内唇紧贴壳轴。靥角质。

分布于台湾岛、海南岛、西沙群岛和南沙群岛;印度—西太平洋暖水区。栖息于潮间带至浅海岩礁或珊瑚礁间,喜群栖于有藻类丛生的地方。

### 61. *Canarium incisum* (W. Wood, 1828)

贝壳近纺锤形，壳长 31 mm。螺旋部阶梯状，每螺层的上部扩张形成肩角，具整齐的纵肋，上部数层有细小的纵肿肋；体螺层肩部具 3 个发达的结节突起，向一侧扭曲，基部有细螺肋。壳面黄白色，饰有大片的紫褐色斑，基部颜色深；螺旋部呈淡紫色。壳口狭长，内淡紫褐色，刻有细密的螺纹。内唇、外唇肥厚，淡黄褐色。

标本采自南沙群岛；菲律宾、所罗门群岛、瓦努阿图和新不列颠岛等海域也有分布记录。栖息环境不详。

### 62. 稀客凤凰螺 *Dolomena hickeyi* (Willan, 2000)

贝壳长纺锤形，壳长 24 mm。螺旋部高，具发达的纵肋，每螺层有 3 条纵肿肋。体螺层具细密整齐的螺肋，背面肩部有一行明显的结节突起。壳面黄白色，背部具褐色螺带和花纹。壳口狭长，内褐色，刻有细密的螺纹。外唇扩张；内唇加厚，微扩张。

标本采自南沙群岛；菲律宾、巴布亚新几内亚和澳大利亚昆士兰等海域也有分布记录。栖息于潮间带至浅海沙质海底或藻类丛生的海底。

### 63. 可变凤螺 *Ministrombus variabilis* (Swainson, 1820)

别名黑痣凤凰螺。

贝壳长纺锤形，壳长 47 mm。螺旋部高，缝合线明显，各螺层上部扩张形成肩部，其上有排列整齐的肋状突起。壳面光滑，白色，背部饰有褐色线纹组成的螺带。壳口狭长，内白色。外唇扩张，边缘厚且外翻；有的个体内唇中部有一块黑色斑。

标本采自南沙群岛；日本、菲律宾、印度尼西亚和澳大利亚等海域也有分布记录。栖息于潮间带至浅海泥沙质海底。

### 64. 泡凤螺 *Euprotomus bulla* (Röding, 1798)

别名红袖凤凰螺。

壳长 62 mm。螺旋部及肩部有明显的结节突起。壳面黄褐色，密布白色斑块和花纹。贝壳腹面覆盖一层白色的瓷滑层，极富光泽。壳口深处为橘红色，周缘乳白色。外唇扩张，上方形成指状突起。

分布于台湾岛、海南岛、西沙群岛和南沙群岛；热带西太平洋。栖息于浅海沙质海底和珊瑚礁间。

### 65. 钻凤螺 *Terestrombus terebellatus* (G. B. Sowerby Ⅱ, 1842)

　　贝壳近纺锤形，壳长 38 mm，壳质较薄。螺旋部高，具不均匀的纵肿肋，缝合线明显。壳表光滑，乳白色，饰有浅褐色火焰状花纹。壳口长，前端宽、后端窄；外唇薄，外唇和轴唇呈褐色。厣角质，小。

　　分布于西沙群岛和南沙群岛；印度—西太平洋。栖息于潮间带至浅海沙质、泥沙质海底和珊瑚礁间。

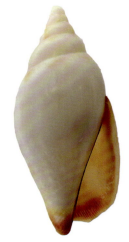

### 66. 齿凤螺 *Tridentarius dentatus* (Linnaeus, 1758)

　　别名三齿凤凰螺。

　　贝壳近纺锤形，壳长 45 mm。螺旋部稍高，各螺层具纵肋。壳面光滑，呈黄白色，并具褐色或黄褐色波状花纹。壳口前端宽、后端窄，内面紫褐色，刻有细密的白色螺纹。外唇边缘下部具有 3 ~ 4 枚齿。前沟微曲向背方。

　　分布于台湾岛、海南岛、西沙群岛和南沙群岛；印度—西太平洋。栖息于浅海沙质海底和珊瑚礁间。

## 67. 驼背凤螺 *Gibberulus gibberulus* (Linnaeus, 1758)

贝壳纺锤形，两端尖瘦，壳长 42 ~ 48 mm。螺旋部较低，具纵肿肋和不均匀的膨肿，使螺层有些扭曲。壳面乳白色，有很多排列细密的褐色螺带和锯齿状花纹。壳口狭长，内面紫色，边缘颜色深，刻有许多螺纹。前沟短，微曲向背方。

分布于台湾岛、海南岛、西沙群岛和南沙群岛；印度—西太平洋。栖息于低潮线附近至浅海沙质或珊瑚礁海底。

## 68. 水字螺 *Harpago chiragra* (Linnaeus, 1758)

贝壳拳头形，壳长 270 mm（包括棘长），壳质厚重。螺旋部呈均匀的塔形，体螺层膨大。壳表具瘤状突起和不均匀的螺肋。壳面密布紫褐色斑点和花纹，常被黄褐色壳皮。壳口内呈橘红色或肉色，成体边缘具 6 条强大的向四周伸展的爪状棘，呈"水"字形，故名；幼体爪状棘不发达。外唇厚，扩张，边缘向内反曲，近前端处有发达的 U 形缺刻；内唇滑层向外伸展。前沟短。

分布于台湾岛、海南岛、西沙群岛和南沙群岛；印度—西太平洋。栖息于低潮线附近至数米水深的岩礁和珊瑚间的沙质海底。

注：本种雌性个体贝壳较大，而雄性个体贝壳较小。

幼体

## 69. 蜘蛛螺 *Lambis lambis* (Linnaeus, 1758)

　　贝壳纺锤形，壳长 150 ~ 200 mm（包括棘长）。螺旋部呈均匀的塔形，缝合线上方形成肩角；体螺层膨大。壳背面有两列发达的结节突起。壳面黄白色，杂有褐色斑点和花纹，色泽变化较大；常被薄的黄褐色壳皮。壳口窄长，内面光滑，呈肉色、灰白色或橘黄色。外唇扩张，成体边缘具有 7 条爪状棘；幼体爪状棘不明显；近前端处有发达的 U 形缺刻。

　　常见种，分布于台湾岛、海南岛、东沙群岛、西沙群岛和南沙群岛；印度—西太平洋。栖息于浅海珊瑚礁间的沙质海底或有藻类丛生的海底。

　　注：本种的雌雄个体外形有区别，通常雌体背部的两个结节较大，雄体背部的结节较小。

幼体

### 70. 蝎尾蜘蛛螺 *Lambis scorpius* (Linnaeus, 1758)

别名蝎螺。

形似蜘蛛螺，壳长 112 mm（包括棘长）。体螺层呈锥形，缝合线上方肩角明显。壳表粗糙，壳背面刻有细螺肋和 3 行不均匀的结节突起。壳面淡黄褐色，饰有褐色条纹及斑块。壳口狭长，内紫褐色，边缘橙黄色，密布白色不均匀细螺纹。外唇扩张，边缘具 7 条爪状棘，棘上具结节。

分布于台湾岛、海南岛、西沙群岛和南沙群岛；西太平洋。栖息于浅海珊瑚礁间。

### 71. 瘤平顶蜘蛛螺 *Lambis truncata sebae* (Kiener, 1843)

贝壳长卵圆形，壳长 260 mm，大而厚重。螺旋部呈塔形，壳顶钝，体螺层膨大。壳背面粗糙不平，具螺肋和大的瘤状突起。壳面黄白色，具有淡褐色斑点，常被黄褐色易脱落的壳皮。壳口大，内面光滑，呈肉色或橘黄色。外唇极度扩张，成体边缘具 7 条长短不等的爪状棘；幼体爪状棘不明显。

分布于台湾岛、海南岛、西沙群岛和南沙群岛；印度—西太平洋。栖息于低潮线附近至水深约 10 m 的珊瑚礁间的沙质海底或藻类丛生的海底。

# 钻螺科 Seraphsidae Gray, 1853

贝壳呈长筒形或子弹形，螺旋部低小，体螺层高大。壳面平滑有光泽。壳口狭长，前沟宽短。曾属于凤螺科的一个属，后独立成一科。台湾地区称飞弹螺科。

### 72. 钻螺 *Terebellum terebellum* (Linnaeus, 1758)

别名飞弹螺。

贝壳子弹形，壳长 38 mm，壳质较薄。螺旋部小，壳顶尖，体螺层高大。壳面光滑，颜色和花纹变化大，有白色、淡黄色或褐色等多种颜色，常有褐色或红褐色花纹和斑块。壳口狭长，前端呈截形。

分布于台湾岛和南海；印度—西太平洋。栖息于潮下带浅海细沙质和泥沙质海底。

# 玉螺科 Naticidae Guilding, 1834

贝壳多呈球形、半球形、卵圆形或耳形。螺层数少,螺旋部通常较低,体螺层膨大。壳面平滑,雕刻弱。壳口大,多为半月形。有角质厣和石灰质厣两种类型。肉食性,特别喜食双壳类动物,能以酸性分泌物溶解双壳类动物的贝壳,然后用齿舌锉食其肉。海滩上常见到一些空贝壳上具有圆形小孔,多是被这类动物所食。

### 73. 线纹玉螺 *Tanea lineata* (Röding, 1798)

别名细纹玉螺。

贝壳近球形,壳长 42 mm。螺旋部较低小,体螺层膨大。壳表光滑。壳面淡褐色,密布纵行的棕色线纹;壳顶黑紫色。壳口半圆形,内青白色。外唇弧形;内唇略直,中部扩张形成一个伸向脐孔的角状结节。脐部宽大,下半部被结节覆盖。厣石灰质。

分布于台湾岛和福建以南海域;印度—西太平洋。栖息于低潮线至水深约 40 m 的沙质或泥沙质海底。

## 74. 格纹玉螺 *Notocochlis gualteriana* (Récluz, 1844)

别名小灰玉螺。

贝壳略呈球形，壳长 15 mm，壳质坚厚。螺旋部低小，体螺层膨圆。壳表光滑，沿缝合线具放射状的皱褶。壳面颜色变化大，由灰白色到褐色，通常密布褐色线状斑纹。壳口半圆形，内褐色。外唇呈弧形；内唇上部稍扩张，中、下部形成半圆形的结节。脐孔深。厣石灰质。

分布于台湾岛和福建以南海域；印度—西太平洋。栖息于潮间带至水深 20 m 的沙质海底。

## 75. 扁玉螺 *Neverita didyma* (Röding, 1798)

贝壳大，呈半球形，壳长 44 mm。螺旋部低小，体螺层宽大。壳表光滑，壳顶部紫褐色，壳面呈淡黄褐色，在每螺层的缝合线下方有一条彩虹状螺带；壳基部白色。壳口卵圆形，淡褐色。外唇弧形；内唇中部有一发达的褐色结节。脐孔大而深。厣角质。

分布于中国南北海域；印度—西太平洋。栖息于潮间带至浅海水深 50 m 左右的沙质或泥沙质海底。

### 76. 脐穴乳玉螺 *Polinices flemingianus* (Récluz, 1844)

别名脐孔白玉螺。

贝壳近卵圆形，壳长 28 mm。螺旋部突出呈乳头状，体螺层宽大。壳面白色，平滑有光泽。壳口半圆形，内白色。外唇弧形；内唇较直，滑层宽厚。脐孔窄而深。厣角质，褐色。

分布于台湾岛和广东以南海域；印度—西太平洋。栖息于潮间带至潮下带的沙质海底。

### 77. 梨形乳玉螺 *Polinices mammilla* (Linnaeus, 1758)

别名白玉螺。

贝壳梨形，近似脐穴乳玉螺，壳长 60 mm。螺旋部突出呈乳头状，体螺层宽大。壳面白色，平滑有光泽。壳口半圆形，内白色。外唇弧形；内唇较直，滑层宽厚，中部向外扩张成发达的结节，将脐部和脐孔完全填满。厣角质，黄褐色。

分布于台湾岛和广东以南海域；印度—西太平洋。栖息于低潮线至浅海的沙质海底。

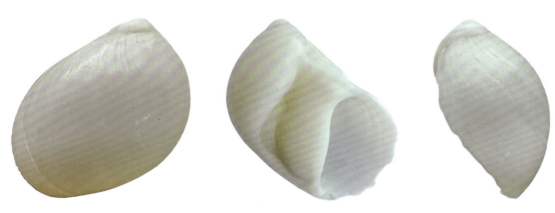

## 78. 黑口乳玉螺 *Mammilla melanostoma* (Gmelin, 1791)

　　贝壳长卵圆形，壳长 23 mm。螺旋部低小，体螺层宽大，几乎占贝壳的全部。壳面灰白色，体螺层上有 3 条淡褐色螺带。壳口宽大，卵圆形，内白色。轴唇较直，脐孔小；轴唇及脐部黑褐色。厣角质，黑褐色。

　　分布于台湾岛和南海；印度—西太平洋。栖息于潮下带至水深 30 m 左右的沙质海底。

## 79. 拟黑口乳玉螺 *Mammilla melanostomoides* (Quoy & Gaimard, 1832)

　　别名广口白玉螺。

　　贝壳长卵圆形，壳长 26 mm，壳质薄。螺旋部低小，体螺层宽大。壳面白色，体螺层上有 3 条褐色斑点组成的螺带。壳口宽大，卵圆形，内白色。外唇边缘薄。脐部狭小；轴唇及脐部为深褐色。

　　分布于台湾岛和南海；印度—西太平洋。栖息于潮间带至浅海的沙质或泥沙质海底。

### 80. 栗色乳玉螺 *Mammilla maura* (Lamarck, 1816)

贝壳长卵圆形，壳长 28 mm。螺旋部低小，体螺层宽大，几乎占贝壳的全部。壳面深棕色，生长线细密。壳口半圆形。外唇弧形；内唇滑层宽厚，中部向外扩张成发达的结节，将脐孔遮盖。

分布于南沙群岛；菲律宾、新喀里多尼亚和澳大利亚等海域。栖息于潮间带至浅海的泥沙质海滩。

### 81. 花带乳玉螺 *Mammilla simiae* (Deshayes, 1838)

贝壳长卵圆形，壳长 20 mm。螺旋部低小，体螺层宽大，几乎占贝壳的全部。壳面灰白色，密布散乱的淡褐色斑点和线纹，体螺层上、中、下部隐约可见 3 条淡褐色螺带。壳口宽大，卵圆形，内白色。轴唇及脐部黑褐色；脐孔狭小，有时完全被内唇的滑层遮盖。靥角质，红褐色。

分布于台湾岛和西沙群岛；印度—西太平洋。栖息于潮间带至浅海的沙质海底。

## 82. 方斑玉螺 *Naticarius onca* (Röding, 1798)

贝壳卵圆形，壳长 23 mm。螺层约 5 层。螺旋部低小，壳顶尖，体螺层膨大。每螺层上部缝合线下方具放射状螺纹，其余部分光滑。壳面黄白色，具排列成行的方形褐色斑块，在体螺层上有 5 行。壳口半圆形，内瓷白色。外唇弧形；内唇宽厚，中部形成一个半圆结节。脐大，部分被结节遮盖。厣石灰质。

分布于台湾岛、海南岛和南沙群岛；印度—西太平洋。栖息于水深约 50 m 的浅海沙质海底。

## 83. 东方玉螺 *Naticarius orientalis* (Gmelin, 1791)

贝壳卵圆形，壳长 28 mm。螺旋部低小，体螺层膨大。每螺层上部缝合线下方具放射状螺纹，其余部分光滑。壳面白色。壳口阔，半圆形，内瓷白色。外唇弧形；内唇宽厚，中部形成一个半圆结节。脐大，部分被结节遮盖。厣石灰质。

分布于西沙群岛和南沙群岛；印度—西太平洋。栖息于水深 0 ~ 40 m 的浅海沙质海底。

# 宝贝科 Cypraeidae Rafinesque, 1815

宝贝科种类繁多，数量大。从小型到中等大型。贝壳呈卵圆形或长卵圆形，螺旋部在幼体时尚存，至成体时几乎消失。贝壳表面光滑或具突起，富有光泽，色彩和花纹极其丰富。壳口在腹面接近中央，狭长。两唇间具齿。成体无厣。外套膜和足部均十分发达，一般具有外触角。生活时外套膜伸展将贝壳包被起来。栖息于热带和亚热带海域，潮间带和浅海生活的种类较多，主要以藻类或珊瑚动物等为食。台湾地区称宝螺科。

## 84. 疹贝 *Pustularia cicercula cicercula* (Linnaeus, 1758)

别名绣珠宝螺。

贝壳小，近球形，壳长 20 mm。背部膨圆，两端呈鸟喙状突出。壳面白色或浅黄褐色，具有微凸的细小颗粒；背线呈浅沟状，末端有凹陷，并有一褐色斑点。壳的前后端及两侧常具褐色的细斑点。腹面浅白色至浅黄褐色。壳口窄长。两唇间的齿除中段较短外，其余向壳缘延伸。

分布于台湾岛、海南岛和西沙群岛；印度—西太平洋。栖息于浅海岩礁或珊瑚礁间。

## 85. 圆疹贝 *Pustularia globulus* (Linnaeus, 1758)

别名金珠宝螺。

贝壳小，近球形，壳长 18 mm。背部膨圆，两端突出呈鸟喙状。壳表光滑，无粒状突起；背线不明显。壳面黄褐色或淡橘黄色，布有褐色小斑点。基部平，两端微向上翘。有的个体在腹面具有对称的 4 块褐色斑块。壳口窄长，两端微显扭曲。两唇间的齿细且较短。

分布于台湾岛、香港海域、海南岛、西沙群岛和南沙群岛；印度—西太平洋。栖息于浅海珊瑚礁和礁石下。

## 86. 葡萄贝 *Staphylaea staphylaea* (Linnaeus, 1758)

别名鲨皮宝螺。

贝壳较小，卵圆形，壳长 20 mm。壳两端略显凸出，背部膨圆，布满大小不等的颗粒状突起；背线明显，浅沟状。壳面紫褐色，近基部处则呈灰白色，壳两端凸出部分呈红褐色。腹面呈淡褐色，中央微显隆起，两端略向上翘。壳口窄长，两端微曲。两唇间的齿发达，均向外延伸至壳基部，且常派生出间齿。

分布于台湾岛和广东以南海域；印度—西太平洋。栖息于低潮线附近的岩石和珊瑚礁间。

### 87. 疣葡萄贝 *Nucleolaria nucleus* (Linnaeus, 1758)

别名疙瘩宝螺。

贝壳卵圆形，壳长 25 mm。壳两端微凸出，背部膨圆，满布大小不等的颗粒状突起。突起彼此由横的隆起线互相连接，颗粒状突起和隆起线呈褐色。背线明显，呈浅沟状。壳面灰白色。壳口窄长，稍曲。两唇间的齿发达，均向外延伸至壳基部，内唇齿约 20 枚，外唇齿约 24 枚。

分布于台湾岛、海南岛、西沙群岛和南沙群岛；印度—西太平洋。栖息于低潮线附近的岩石和珊瑚礁间。

## 88. 眼球贝 *Naria erosa* (Linnaeus, 1758)

别名腰斑宝螺。

贝壳长卵圆形，壳长 28～45 mm。壳两端微凸出，背部中央隆起，背线明显；贝壳前、后侧缘加厚，向上翻卷。壳面光滑，呈黄褐色或暗绿色，密布白色小斑点，两侧缘的中部各有一块延伸到基部的褐色斑块。腹面平，黄白色或淡褐色。壳口窄长。外唇齿较长，17～20 枚；内唇齿较短，14～16 枚。

分布于台湾岛和广东以南海域；印度—西太平洋。栖息于低潮线附近的岩石和珊瑚礁间。

### 89. 枣红眼球贝 *Naria helvola* (Linnaeus, 1758)

别名红花宝螺。

贝壳卵圆形，壳长 25 mm。壳背部中央隆起，基部略扩张；背线偏向右方，明显且微弯曲。壳面光滑，呈淡灰绿色，其上具有密集的白色斑点和大而稀疏、分布不均匀的枣红色斑点；两侧缘枣红色，无斑点；贝壳前后端呈紫罗兰色。两侧缘厚，全部或部分向上翻卷，其上出现小的坑凹。腹面黄褐色。壳口窄。两唇间的齿稀而粗壮，内唇齿 12 ~ 14 枚；外唇齿约 17 枚。

分布于台湾岛、广东海域、海南岛、西沙群岛和南沙群岛；印度—西太平洋暖水区。栖息于低潮区至水深约 20 m 的浅海，常隐居在洞穴内或礁石下。

### 90. 紫眼球贝 *Naria poraria* (Linnaeus, 1758)

别名紫花宝螺。

贝壳较小，呈卵圆形，壳长 15 mm。壳两端微凸出，背部隆起，背线清晰，微向右侧弓曲。壳面光滑，呈黄褐色，中央部色较淡，布有较密集、分布不均匀的白色斑点。基部平，侧缘及两端为紫罗兰色，中部稍淡。壳口狭长。两唇间的齿较发达，内唇齿约 13 枚；外唇齿约 16 枚。

分布于台湾岛、海南岛、西沙群岛和南沙群岛；印度—西太平洋。栖息于低潮线附近的岩礁或珊瑚礁间。

## 91. 蛇首货贝 *Monetaria caputserpentis* (Linnaeus, 1758)

别名雪山宝螺。

贝壳近卵圆形，壳长 33 mm，壳质厚。两侧缘较扁，背部中央隆起。壳面光滑，背部黄褐色，布有密集、大小不等的白色斑点；两侧紫褐色，无斑点；壳前、后端青白色。腹面周缘深褐色，中央部色淡。壳口窄长。两唇间的齿粗短，内唇齿约 14 枚；外唇齿约 16 枚。

分布于台湾岛和福建以南海域；广泛分布于太平洋和印度洋的暖水区。栖息于低潮线附近至浅海，常隐藏在珊瑚礁的洞穴中或礁石下面。

### 92. 货贝 *Monetaria moneta* (Linnaeus, 1758)

别名白贝齿、黄宝螺。

贝壳小型，呈卵三角形或低平的卵圆形，壳长 20 ~ 28 mm。上部两侧扩张，多出现突起。壳面光滑，富有瓷光，呈黄色、淡黄色或青灰色，背部常有 2 ~ 3 条灰绿色横带，有的个体背部具细弱的黄色环纹。腹面黄白色。壳口窄长，近直。两唇间的齿稍粗。

分布于台湾岛、香港海域、海南岛、西沙群岛和南沙群岛；广泛分布于太平洋和印度洋。栖息于潮间带中、低潮区的浅洼内或岩礁间。

注：在古代，包括中国在内的许多国家和地区曾将本种贝壳作为货币使用，故名。

## 93. 环纹货贝 *Monetaria annulus* (Linnaeus, 1758)

别名金环宝螺。

形似货贝，贝壳近椭圆形，壳长 22～26 mm。壳形前端宽，后端窄，背部较膨圆。壳面光滑，富有光泽，呈灰白色或淡灰绿色，背部有一圈明显的金黄色环纹，环纹在贝壳两端常中断。侧面及腹面为白色。壳口狭长。两唇间的齿列稀疏，较粗壮。

分布于台湾岛和广东以南海域；广泛分布于太平洋和印度洋。栖息于潮间带中、低潮区的浅洼内或岩礁间。

注：环纹货贝在古代也曾作为货币使用。

## 94. 虎斑宝贝 *Cypraea tigris* Linnaeus, 1758

别名黑星宝螺。

贝壳较大，卵圆形，壳长 78 ~ 89 mm。壳背部膨圆，前端较瘦，后端壳顶部位向内凹陷且呈浅坑状；背线明显，微弓曲。壳面光滑，富有光泽。壳色有变化，通常为灰白色或淡褐色，布有大小不等的黑褐色斑点。两侧和腹面白色。壳口窄长，后端略向左方弯曲，内白色。两唇间的齿列较短小，前沟凸出，后沟钝。

分布于台湾岛、香港海域、海南岛、西沙群岛和南沙群岛；印度—西太平洋暖水区。栖息于低潮区或稍深的岩礁或珊瑚礁海底，退潮后常隐居在洞穴和缝隙间。

注：《国家重点保护野生动物名录》中，将本种列为国家二级重点保护野生动物。

幼体

## 95. 图纹宝贝 *Leporicypraea mappa* (Linnaeus, 1758)

别名地图宝螺。

贝壳较大，卵圆形，壳长 75 mm。壳背部膨圆，两端微凸出，两侧缘较厚。壳面黄褐色，具密集的纵行褐色点线花纹及较稀疏的星状斑点。背线明显，宽且向两侧分枝，形似地图上的边界线。两侧缘和腹面为肉红色，具有边界模糊的褐色斑点。壳口狭长，微曲。两唇间的齿短，为橘红色。

分布于台湾岛、西沙群岛和南沙群岛；印度—西太平洋。栖息于浅海珊瑚礁间或礁石下。

## 96. 绥贝 *Mauritia mauritiana* (Linnaeus, 1758)

贝壳卵圆形，壳长 68 mm，壳质坚厚。壳背部中央隆起，周缘转角较锐。壳面光滑，富有光泽，呈黑褐色，布有不规则的黄白色斑点。腹面和两侧缘黑褐色。壳口稍宽。两唇间的齿短而强，齿间颜色浅。

分布于台湾岛、海南岛和西沙群岛；印度—西太平洋。栖息于浅海岩礁或珊瑚礁间。

注：本种在台湾地区称为龟甲宝螺，易与龟甲贝 *Chelycypraea testudinaria* (Linnaeus, 1758) 混淆。

### 97. 网纹绶贝 *Mauritia scurra* (Gmelin, 1791)

别名网目宝螺。

贝壳呈长筒形，壳长 43 mm。壳两端微凸出，侧缘较厚；背线明显，较宽，上无花纹。壳面呈淡灰褐色，有密集的白色网目状花纹，花纹间具细的线纹。周缘及腹面为黄褐色，前后两端及腹缘两侧有明显的紫褐色斑点。壳口狭长，近直。两唇间的齿细而短，呈红褐色。

分布于台湾岛、北部湾海域、西沙群岛和南沙群岛；印度—西太平洋。栖息于浅海珊瑚礁间。

### 98. 山猫眼宝贝 *Lyncina lynx* (Linnaeus, 1758)

别名山猫宝螺。

贝壳长卵圆形，壳长 40 mm。壳背部膨圆，前端较瘦，后端微凸出。壳面光滑，呈淡黄色或淡褐色，背部到两侧缘有较大的黑褐色斑点及较小的黄褐色斑点。腹面平，两侧有棱角，呈黄白色。壳口窄长。两唇间的齿短，呈橙红色。

分布于台湾岛、香港海域、海南岛、西沙群岛和南沙群岛；印度—西太平洋。栖息于低潮区至浅海的岩礁和珊瑚礁间。

## 99. 阿文绶贝 *Mauritia arabica* (Linnaeus, 1758)

别名阿拉伯宝螺、猪仔螺。

贝壳呈长卵圆形，壳长 44 mm。壳背部膨圆，两侧缘厚。背线明显，较宽，位于近中央靠右侧，上无花纹。壳面光滑，呈淡褐色或灰褐色，密布不规则的褐色环纹和断续的纵行点线花纹，形似阿拉伯文，故名。在幼体阶段，背部有褐色或灰蓝色的横带数条，成体色带多不明显。腹面灰褐色，两侧缘具紫褐色斑点。壳口长，稍宽。两唇间的齿短，呈红褐色。

常见种，分布于台湾岛和福建以南海域至南沙群岛；印度—西太平洋。栖息于浅海岩礁和珊瑚礁质海底。

## 100. 卵黄宝贝 *Lyncina vitellus* (Linnaeus, 1758)

别名白星宝螺。

贝壳长卵圆形，壳长 46～63 mm。壳背部膨圆，光滑，黄褐色，前后部分和两侧为不均匀的褐色。壳面有许多大小不等、形似星状的乳白色斑点，并有不太明显的 3 条褐色色带。腹面灰白色或淡褐色。壳口窄长，内灰白色。内唇齿较弱，外唇齿较强。

分布于台湾岛和广东以南海域；印度—西太平洋。栖息于低潮区至浅海岩礁和珊瑚礁质海底。

## 101. 肉色宝贝 *Lyncina carneola* (Linnaeus, 1758)

别名紫口宝螺。

贝壳长卵圆形，壳长 45 mm。壳背部膨圆，两端钝。壳面肉色，光滑，背部有 4 条宽的肉红色色带。生长纹明显。壳两侧缘呈淡黄色，滑层下面有细密微小的麻点及纤细线纹。腹面黄白色，颜色较两侧淡。壳口窄长。两唇间的齿列细短，呈紫罗兰色。

分布于台湾岛、香港海域、海南岛、西沙群岛和南沙群岛；广泛分布于印度—西太平洋。栖息于低潮区或浅海岩礁质海底，退潮后常隐居在石块下或洞穴中。

## 102. 拟枣贝 *Erronea errones* (Linnaeus, 1758)

别名爱龙宝螺。

贝壳近圆筒形，壳长 32 mm。壳面淡灰蓝色，密布大小不等的褐色斑点，背部中央通常有一块大的褐色斑，壳前端两侧各有一块黑褐色斑块，在左侧者常较小或者无。腹面和两侧缘呈黄白色。壳口窄长。两唇间的齿较粗且稀疏，内唇齿约 14 枚，外唇齿约 15 枚。

分布于福建、广东、广西海域，以及台湾岛、海南岛和西沙群岛；印度—西太平洋。栖息于潮间带中潮区至低潮区附近的礁石下或缝隙间。

### 103. 厚缘拟枣贝 *Erronea caurica* (Linnaeus, 1758)

别名清齿宝螺。

贝壳筒形，壳长 40 mm，壳质坚厚。壳背部膨圆，前端稍尖瘦，后端顶部向内凹陷。壳面光滑，灰褐色，有 3 条模糊的褐色带，散布细密的黄褐色斑点，中央有一块较大的褐色斑块。两侧缘及腹面为灰黄色或淡褐色，散布大而稀疏的深褐色斑点。壳口狭长，内呈淡紫色。唇缘厚，外唇齿粗短，内唇齿细长，齿间为浅褐色。

分布于台湾岛、福建东山岛、广西海域、海南岛和西沙群岛；印度—西太平洋。栖息于低潮线附近的岩石或珊瑚礁间。

### 104. 棕带焦掌贝 *Palmadusta asellus* (Linnaeus, 1758)

别名浮标宝螺。

贝壳较小，呈长卵圆形，壳长 17 mm。壳两端较钝，背部膨圆。壳面光滑，乳白色，具有 3 条较宽的棕褐色横带。腹面和两侧缘呈白色，隐约可以看见从背部延伸的色带。壳口窄长，近直。两唇间的齿稍延长，内唇齿 14 ~ 17 枚，外唇齿 16 ~ 18 枚。

分布于台湾岛、香港海域、海南岛、西沙群岛和南沙群岛；印度—西太平洋。栖息于低潮线至浅海的岩礁质海底。

## 105. 块斑宝贝 *Bistolida stolida stolida* (Linnaeus, 1758)

别名龙呆足贝。

贝壳较小，卵圆形，壳长 21 mm。壳背部隆起，两端凸出并向上微翘。壳面光滑，浅蓝灰色，背部具较大的褐色斑块和稀疏的褐色斑点，壳两侧缘和前后水管沟两侧也有褐色斑块。腹面黄白色，边缘有褐色斑点。壳口窄长，稍弯曲。两唇间的齿发达，较长。

分布于台湾岛、海南岛和西沙群岛；印度—西太平洋。栖息于潮间带低潮区或浅海的珊瑚礁和岩礁间。

### 106. 小熊斑宝贝 *Bistolida ursellus* (Gmelin, 1791)

别名小熊呆足贝、肥熊宝螺。

贝壳较小，呈卵圆形，壳长 18 mm。壳背部隆起，两端微凸出。壳面光滑，乳白色，背部具有 3 块不规则的褐色斑，中间的一块较大，并有两条界线不清的灰黄色色带，前部的一条短而曲，形似蠕虫状。壳两侧缘具有小的黄褐色斑点；壳两端凸出部分的两侧各有一红褐色斑点。腹面白色。壳口窄长。两唇间的齿稍延长，内唇齿约 18 枚，外唇齿约 20 枚。

分布于台湾岛、海南岛、西沙群岛和南沙群岛；印度—西太平洋。栖息于潮间带至浅海的珊瑚礁和岩礁间。

注：本种与灰斑宝贝 *Bistolida hirundo* (Linnaeus, 1758)、瘦熊斑宝贝 *Bistolida kieneri* (Hidalgo, 1906) 十分相似，其中瘦熊斑宝贝壳两端较钝，其他两者都较凸出，且只有瘦熊斑宝贝的齿列上有褐色大斑。小熊斑宝贝与灰斑宝贝的主要差异在于壳色和背部的褐色斑，小熊斑宝贝壳乳白色，背部有 3 块褐色斑；灰斑宝贝壳深灰色，在背部中央形成一块褐色斑。

## 107. 筛目贝 *Cribrarula cribraria* (Linnaeus, 1758)

别名花鹿宝螺。

贝壳卵圆形，壳长 32 mm。壳背部膨圆，两端微凸出。壳面光滑，黄褐色，布有大小不一的白色圆形斑点，斑点有的相互连在一起。腹面乳白色。壳口窄长，后端微曲。内唇齿 15 ～ 18 枚，较细且短；外唇齿约 17 枚，较强且稀疏，向外延伸。

分布于台湾岛、海南岛、西沙群岛和南沙群岛；印度—西太平洋。栖息于潮间带至浅海的岩礁质海底。

## 108. 尖筛目贝 *Talostolida teres* (Gmelin, 1791)

别名黑痣宝螺。

贝壳近筒状，壳长 25 mm。壳背部膨圆，两端微凸出。壳面光滑，淡蓝灰色，布有较密的黄褐色花纹和雀斑，背部有 3 条断续的由褐色斑组成的色带，中间的一条较宽。腹面灰白色。壳口窄长，近直。内唇齿约 26 枚，较密且短；外唇齿 23 ～ 28 枚，较粗壮且长，向基部延伸。

分布于台湾岛、香港海域、海南岛、西沙群岛和南沙群岛；广泛分布于印度洋和太平洋。栖息于潮间带至浅海珊瑚礁间或松软的红色海绵下。

### 109. 黄褐禄亚贝 *Luria isabella* (Linnaeus, 1758)

别名雨丝宝螺。

贝壳近筒形，壳长 24 ～ 43 mm。壳背部膨圆，两端微凸出。壳面灰褐色或淡褐色，隐约可见两条颜色较浅的模糊横带，有的个体具断续的纵向黑色线纹，有的个体不明显。壳两端凸出部分两侧有橘色斑块。腹面白色或淡褐色。壳口狭长，近直。两唇间的齿小而细密。

分布于台湾岛和广东以南海域；太平洋和印度洋。栖息于低潮线附近或潮下带稍深的珊瑚礁间和礁石块下。

### 110. 龟甲贝 *Chelycypraea testudinaria* (Linnaeus, 1758)

别名丛云宝螺。

贝壳大，呈筒状或长卵圆形，壳长 115 mm。壳背部膨圆，两端略凸出。背线可见，微曲，偏向右侧。壳面光滑，淡褐色或黄褐色，具大块浓褐色斑和大小不等的黑褐色斑点，且壳面和两侧密布细小的白点。腹面淡褐色。壳口窄长，近直。两唇间的齿细而短。

分布于台湾岛、西沙群岛和南沙群岛；印度—西太平洋暖水区。栖息于浅海珊瑚礁间。

## 111. 蛇目鼹贝 *Arestorides argus* (Linnaeus, 1758)

别名百眼宝螺。

贝壳近筒形，壳长 84 mm。壳背部膨圆，两端微凸出。壳面黄褐色，背部有许多褐色空心环纹，形似蛇眼；另有 2 ~ 3 条模糊的褐色横带。腹面光滑。壳口窄长，两侧各有两块褐色斑，外唇上方的斑有时不明显。两唇间的齿稍延长，红褐色。

分布于台湾岛、海南岛、西沙群岛和南沙群岛；印度—西太平洋。栖息于浅海珊瑚礁质海底。

## 112. 鼹贝 *Talparia talpa* (Linnaeus, 1758)

别名酒桶宝螺。

贝壳长卵圆形，壳长 64 mm。壳背部膨圆，两端微凸出。壳面光滑，褐色，有 3 ~ 4 条黄白色或浅褐色的横带。两侧缘及腹面均为黑褐色。壳口狭长。两唇间的齿细密，齿尖颜色浅。

分布于台湾岛、海南岛、西沙群岛和南沙群岛；印度洋和太平洋热带海域。栖息于浅海，常隐藏在礁石下。

# 冠螺科 Cassidae Latreille, 1825

贝壳较膨胀，呈卵圆形或三角卵圆形。螺旋部低，体螺层膨大。螺层上常有纵肿肋，壳面光滑或具细的螺旋沟纹，结节突起，具红褐色斑块或花纹。主要生活于浅海沙质或泥沙质海底。台湾地区称唐冠螺科。

### 113. 唐冠螺 *Cassis cornuta* (Linnaeus, 1758)

贝壳形状像唐代的冠帽，故名。壳长 258 mm，可超过 300 mm，大而厚重。螺旋部低小。体螺层膨大，具 3 ~ 4 条粗壮的螺肋，其上有结节状突起，肩部具一列发达的角状突起。壳面灰白色至橘黄色，具不规则的褐色斑块和斑纹。壳口狭长，橘黄色。内、外唇扩张呈橘黄色的楯面，外唇内缘具 5 ~ 7 枚发达的齿，内唇滑层宽厚，轴唇具褶襞。

分布于台湾岛、西沙群岛和南沙群岛；印度—西太平洋暖水区。栖息于水深 1 ~ 20 m 的沙质或碎珊瑚质海底。

注：《国家重点保护野生动物名录》中，将本种列为国家二级重点保护野生动物。

## 114. 甲胄螺 *Casmaria erinaceus* (Linnaeus, 1758)

别名小鬘螺。

贝壳卵圆形，壳长 44 mm，壳质坚厚。螺旋部低圆锥状，体螺层肩部常有结节突起，壳表有纵褶。壳面乳白色或淡褐色，并有数条微弱的淡褐色螺带。壳口宽大，内白色。外唇厚，向外翻卷，前端有 4 ~ 6 枚尖齿，外侧有 10 余块排列不甚规则的深褐色方斑；内唇滑层厚，有时有大小不等的瘤状突起。前沟缺刻状。

分布于台湾岛、西沙群岛和南沙群岛；印度—西太平洋。栖息于浅海沙质海底。

### 115. 笨甲胄螺 *Casmaria ponderosa* (Gmelin, 1791)

别名斑点小鬘螺。

形似甲胄螺,壳长 35 mm。体螺层肩部光滑或具有一列瘤状突起,壳面白色或淡褐色,在缝合线下方和体螺层的基部有一行黄褐色的斑块。壳口较窄,半圆形,内白色。外唇肥厚,内缘具 7 ~ 8 枚小尖齿,外侧另有一列深褐色斑点;内唇滑层肥厚,下部具褶襞。前沟缺刻状。

分布于台湾岛、海南岛、西沙群岛和南沙群岛;印度—西太平洋。栖息于浅海沙质海底。

# 鹑螺科 Tonnidae Suter, 1913

贝壳呈球形或卵圆形，壳质通常较薄。螺旋部低小，体螺层膨大而圆。壳表有雕刻整齐的螺肋或螺沟，有的具花纹，壳皮薄。壳口宽大，前沟宽短。成体无厣。多栖息于较深的沙质或泥沙质海底，肉食性。

## 116. 鹧鸪鹑螺 *Tonna perdix* (Linnaeus, 1758)

别名鹑螺。

贝壳卵圆形，壳长 58 mm，壳质薄。螺旋部较高。壳表光滑，有宽而低平的螺肋和细密的纵肋。壳面黄褐色或淡咖啡色，螺肋上具白色斑块。壳口卵圆形，内黄白色。外唇薄，边缘略呈波状缺刻；内唇向外延伸，覆盖部分脐部。

分布于我国东海和南海；印度—西太平洋。栖息于低潮区至浅海沙质或珊瑚礁质海底。

### 117. 深缝鹑螺 *Tonna canaliculata* (Linnaeus, 1758)

别名平凹鹑螺。

贝壳略呈球形，壳长 60 mm，壳质薄。螺旋部低小，体螺层膨圆，缝合线呈深沟状。螺肋宽平，肋间沟浅。壳面黄褐色，被壳皮，具自顶部放射的褐色及灰白色色斑。壳口大，半圆形。外唇薄；内唇前缘稍厚，覆盖部分脐部。

分布于台湾岛、海南岛和西沙群岛；印度—西太平洋。栖息于低潮线附近至浅海沙质或珊瑚礁质海底。

### 118. 苹果螺 *Malea pomum* (Linnaeus, 1758)

别名粗齿鹑螺。

贝壳卵圆形，壳长 35 ~ 50 mm，壳质坚厚。壳表光滑，具宽而钝圆的粗螺肋。壳面乳白色或淡褐色，具不均匀的白色斑及纵行的黄色花纹。壳口窄长，呈柳叶形，上端窄下端宽，内橘黄色。外唇宽厚，向外扩张，内缘具发达的齿列；轴唇上具肋状褶襞。

分布于台湾岛、西沙群岛和南沙群岛；印度—西太平洋。栖息于潮间带至浅海沙质海底或珊瑚礁间。

# 琵琶螺科 Ficidae Meek, 1864

贝壳呈梨形或琵琶形，质薄。螺旋部低小，体螺层后部膨大，前端逐渐收缩延长。壳面不光滑，具布纹状或网纹状雕刻。无厣。栖息于浅海至深一些的沙质或泥沙质海底。台湾地区称枇杷螺科。

## 119. 白带琵琶螺 *Ficus ficus* (Linnaeus, 1758)

别名小枇杷螺。

贝壳形似琵琶，壳长 40 mm，壳质较薄。螺旋部低而小，体螺层几乎为贝壳全长，前端尖瘦，后部膨圆。壳表具网纹状方格。壳面黄褐色，具 5 ～ 6 条横的黄白色螺带和许多大小不等的褐色斑块或斑点。壳口大而长，内淡紫色。前沟长，呈半管状。

分布于我国东海和南海；印度—西太平洋。栖息于水深 10 ～ 110 m 的细沙质及泥沙质海底。

## 120. 长琵琶螺 *Ficus gracilis* (G. B. Sowerby Ⅰ, 1825)

别名大枇杷螺。

贝壳长，为本科中个体较大的一种，壳形似琵琶，长 97 mm，壳质薄。螺旋部低，体螺层大而长，基部收缩。壳表具有低平且整齐的螺肋，纵肋较细弱，两者交织形成小方格状。壳面黄褐色，布有许多较细而略呈波纹状的纵行褐色花纹。壳口狭长，呈匙状，内淡褐色。前沟长，呈半管状。

分布于台湾岛和福建以南海域；日本、菲律宾和马来西亚等海域。栖息于浅海水深数十米至百米的沙质或泥沙质海底。

# 嵌线螺科 Ranellidae Gray, 1854

贝壳多呈纺锤形、菱形或塔形。壳面雕刻较丰富，具有纵横螺肋以及颗粒、结节或瘤状突起等，多被壳皮和发达的壳毛，通常有纵肿肋。轴唇和外唇内缘常具褶襞和肋状齿。厣角质。台湾地区称法螺科。

## 121. 法螺 *Charonia tritonis* (Linnaeus, 1758)

别名大法螺、凤尾螺。

贝壳大，形似号角，壳长 240 mm，可达 350 mm。螺旋部高，呈尖塔状，体螺层宽大。壳表光滑，具粗细相间的螺肋和结节突起，并具纵肿肋。壳面红褐色，具有黄褐色或紫褐色鳞状斑和花纹。壳口卵圆形，内面橘红色，光滑富有光泽。外唇内缘具有成对的红褐色肋状齿；内唇上有白色与褐色相间条状褶襞。厣角质，厚，深褐色。

分布于台湾岛、西沙群岛和南沙群岛；印度洋和太平洋。栖息于浅海约 10 m 水深的珊瑚礁和岩礁间。

注：本种喜食长棘海星（专以活体造礁石珊瑚为食）；《国家重点保护野生动物名录》中，将本种列为国家二级重点保护野生动物。

## 122. 灯笼嵌线螺 *Gelagna succincta* (Linnaeus, 1771)

贝壳略呈菱形，壳长 42 mm。缝合线明显，各螺层膨圆。壳面黄褐色，具排列整齐的褐色螺肋，肋间沟较宽。壳口橄榄形，内白色。外唇内缘具褐色齿列，内唇上端有 1 ~ 2 枚发达的齿。前沟稍长。

分布于我国东海和南海；大西洋和印度—西太平洋。栖息于潮间带和浅海泥沙质或岩礁质海底。

## 123. 蝌蚪螺 *Gyrineum gyrinum* (Linnaeus, 1758)

别名斑马翼法螺。

贝壳小，近三角形，壳长 28 mm。螺旋部尖塔形。壳表具排列整齐的螺肋和细密的生长纹，肋上具结节突起，壳两侧具纵肿肋。壳面黄白色，具宽的深褐色螺带，这种螺带在每螺层的缝合线上部有一条，在体螺层上有 2 ~ 3 条。壳口近圆形，内白色。外唇加厚，内缘具数枚齿；内唇具细小的齿纹。前沟短，半管状，稍向背方弯曲。

分布于台湾岛和南沙群岛；热带西太平洋。栖息于浅海岩礁质海底。

### 124. 红口嵌线螺 *Gutturnium muricinum* (Röding, 1798)

　　贝壳近菱形，壳长 43 mm。螺旋部较低，体螺层膨大，前端收缩。壳表粗糙，具粗细不均的螺肋，与纵肋相交形成大小不等的结节突起；纵肿肋不规则。壳面多为灰白色，有的具褐色螺带。壳口卵圆形，内橘红色。内、外唇扩张形成较宽厚的白色滑层，外唇内缘具发达的齿列。前沟稍长，微向背方翘起。厣角质。

　　分布于台湾岛、海南岛、西沙群岛和南沙群岛；为世界暖水区广布种。栖息于潮间带至水深数十米的浅海岩礁质海底。

### 125. 黑斑嵌线螺 *Lotoria lotoria* (Linnaeus, 1758)

　　别名象鼻法螺。

　　贝壳较大，纺锤形，壳长 135 mm，壳质坚厚。壳表有粗细不均的螺肋和发达的瘤状突起，两侧具纵肿肋。壳面橘黄色，纵肿肋和壳口内外唇上有黑色斑。壳口卵圆形，外唇内缘具发达的肋状齿。前沟稍长，向右扭曲。

　　分布于台湾岛、海南岛、西沙群岛和南沙群岛；印度—西太平洋。栖息于潮间带至浅海岩礁间。

## 126. 波纹嵌线螺 *Monoplex aquatilis* **(Reeve, 1844)**

别名矮毛法螺。

贝壳纺锤形，壳长 67 mm。壳表具粗细不均的螺肋，肋上具瘤状突起，纵肿肋发达。壳面淡黄褐色，杂有褐色和紫色斑。壳口卵圆形，内淡黄色。外唇具褐色斑，内缘具成对排列的发达的齿；内唇具发达的褶襞。厣角质，褐色。

分布于台湾岛、海南岛、西沙群岛和南沙群岛；印度—西太平洋。栖息于低潮线至浅海岩礁间。

## 127. 小白嵌线螺 *Monoplex mundus* **(A. Gould, 1849)**

贝壳呈纺锤形，壳长 36 mm。壳表具明显的螺肋和较弱的纵肿肋，相交形成结节突起；纵肿肋较发达。壳面灰白色，被淡褐色壳皮和壳毛。壳口卵圆形，内白色。外唇加厚，内缘具 6 ~ 7 枚较发达的齿。

分布于台湾岛、海南岛、西沙群岛和南沙群岛；印度—西太平洋。栖息于潮间带至浅海岩礁和珊瑚礁质海底。

### 128. 金口嵌线螺 *Monoplex nicobaricus* (Röding, 1798)

贝壳近纺锤形，壳长 52 ~ 70 mm。壳表粗糙不平，有发达的螺肋、纵肋、纵肿肋和细间肋，相交形成结节突起。壳面灰白色，有褐色斑块。壳口卵圆形，内橘黄色。外唇厚，内缘具两列白色肋状齿；轴唇上有发达的肋状褶襞。厣角质。

分布于台湾岛、西沙群岛和南沙群岛；热带西太平洋、印度洋和大西洋。栖息于低潮区至浅海岩礁和珊瑚礁间。

### 129. 毛嵌线螺 *Monoplex pilearis* (Linnaeus, 1758)

别名毛法螺。

贝壳近纺锤形，壳长 65 mm。壳表具粗细不均的螺肋和纵肋，交织成布目状。体螺层背部有结节突起，纵肿肋出现在各螺层的不同位置。壳面紫褐色或黄褐色，被棕色壳皮和发达的壳毛；纵肿肋上常有不规则的黄白色斑块，体螺层中部有一条白色螺带。壳口呈长卵圆形，内橘红色或红褐色。外唇厚，内缘具成排的肋状齿 7 对；内唇具白色肋状褶襞，肋间为紫红色。前沟半管状，向背方弯曲。厣角质。

分布于台湾岛和南海；印度—西太平洋。栖息于潮间带至浅海岩礁间。

## 130. 梨形嵌线螺 *Ranularia pyrum* (Linnaeus, 1758)

别名大象法螺。

贝壳较大，略呈梨形，壳长 72 mm，壳质坚厚。壳表有纵横螺肋和发达的角状突起，纵肿肋发达。壳面橘黄色。壳口卵圆形，内橘黄色。外唇厚，内缘有两列发达的黄白色齿；轴唇上有许多白色的褶襞。前沟较发达，半管状，扭曲。

分布于台湾岛和南海；印度—西太平洋。栖息于低潮线至浅海沙质海底或岩礁间。

## 131. 金带嵌线螺 *Septa flaveola* (Röding, 1798)

别名金带美法螺。

贝壳纺锤形，壳长 44 mm。螺旋部稍高，缝合线浅，螺层膨凸不均。壳表具明显的串珠状螺肋、发达的纵肿肋及较细的纵肋。壳面褐色，体螺层中部和各螺层下部有一条金色螺带，壳顶及纵肿肋上通常呈白色或具白色斑。壳口卵圆形，内白色，周缘呈橘黄色。外唇边缘宽厚，内缘具粒状齿列；轴唇具白色肋状褶襞。

分布于台湾岛、海南岛、西沙群岛和南沙群岛；印度—西太平洋暖水区。栖息于浅海岩礁间。

### 132. 金色嵌线螺 *Septa hepatica* (Röding, 1798)

别名金色美法螺。

贝壳纺锤形，壳长 32 ~ 36 mm。壳表具金黄色和橘红色串珠状螺肋，肋间沟呈深褐色，纵肿肋上具白色条斑。壳口卵圆形，内白色。外唇内缘橘红色，具白色粒状齿列；轴唇具白色肋状褶襞。

分布于台湾岛、海南岛、西沙群岛和南沙群岛；印度—西太平洋。栖息于潮间带至浅海岩礁间。

### 133. 红肋嵌线螺 *Septa rubecula* (Linnaeus, 1758)

别名艳红美法螺。

贝壳纺锤形，壳长 42 mm。壳表具串珠状螺肋，纵肿肋出现在各层不同部位。壳面橘黄色，体螺层中部有一条白色或淡黄色螺带，纵肿肋上有白色条斑。壳口卵圆形，内白色。外唇边缘宽厚，内缘具一列粒状齿，齿的基部具红色小斑点；内唇橘红色，具白色肋状褶襞。

分布于台湾岛、海南岛、西沙群岛和南沙群岛；印度—西太平洋暖水区。栖息于潮间带至浅海岩礁间。

# 扭螺科 Personidae Gray, 1854

贝壳呈不规则的扭曲状。壳表具粗细不均的纵横螺肋，交错呈布纹状或网目状，具颗粒或结节突起，外被壳皮和壳毛。壳口收缩，内外唇扩张。厣角质。台湾地区称扭法螺科。

## 134. 扭螺 *Distorsio anus* (Linnaeus, 1758)

别名扭法螺、驼背扭螺。

贝壳近塔形，壳长 70 mm，壳质坚厚。螺旋部较高，体螺层膨大，腹面平，背面膨凸形如驼背。壳表具螺肋和纵肋，形成许多大小不等的颗粒突起。壳面灰白色，杂有褐色螺带或斑纹。壳口收缩，外唇边缘具花瓣状突起，内缘有强壮的齿；内唇扩张呈片状。前沟向背方弯曲。

分布于台湾岛、海南岛、西沙群岛和南沙群岛；印度—西太平洋。栖息于低潮线附近至浅海沙质海底或珊瑚礁间。

# 蛙螺科 Bursidae Thiele, 1925

贝壳近纺锤形，壳面粗糙，常具颗粒或结节突起、棘刺及细螺肋，纵肿肋发达。壳口卵圆形或近圆形，前水管沟短，后水管沟明显。厣角质。

## 135. 粒蛙螺 *Dulcerana granularis* (Röding, 1798)

别名果粒蛙螺。

贝壳长纺锤形，壳长 67 mm。螺旋部较高，背腹稍扁。壳表有排列较整齐的由颗粒突起组成的螺肋，两侧纵肿肋较发达。壳面褐色或黄褐色，颗粒突起颜色较深，有的呈黑色。壳口卵圆形，外唇厚，向外卷曲，内缘具齿；轴唇具褶襞，上部褶襞细而密，下部褶襞粗而稀。前沟宽短，后沟明显。厣角质。

分布于台湾岛、海南岛、西沙群岛和南沙群岛；印度—西太平洋。栖息于潮间带中、低潮区的岩礁间。

## 136. 血斑蛙螺 *Lampasopsis cruentata* (G. B. Sowerby Ⅱ, 1835)

贝壳较小，近卵圆形，壳长 30 mm。壳表具念珠状螺肋和发达的结节突起。壳面黄褐色或白色，纵肿肋和结节突起上常有褐色斑块或斑点。壳口近圆形，内白色。外唇厚，内缘有白色齿列；内唇扩张，上部褶襞间有血红色的斑点。

分布于台湾岛、海南岛和西沙群岛；印度—西太平洋暖水区。栖息于潮间带至浅海岩礁和珊瑚礁间。

## 137. 土发螺 *Tutufa bubo* (Linnaeus, 1758)

别名大白蛙螺。

贝壳大，纺锤形，壳长200 mm，壳质坚厚。螺旋部呈塔形，体螺层膨大。壳表粗糙，布有大小不等的结节突起，螺层肩部的结节突起较大，纵肿肋不规则。壳面黄褐色，密布深褐色斑点或斑块。壳口大，卵圆形，内黄白色。内、外唇扩张，外唇边缘具齿状缺刻。后水管沟内侧有两条强肋。

分布于台湾岛、海南岛、西沙群岛和南沙群岛；印度—西太平洋。栖息于潮间带低潮区至浅海岩礁和珊瑚礁间。

## 138. 中国土发螺 *Tutufa oyamai* Habe, 1973

别名大山蛙螺。

贝壳纺锤形，壳长170 mm，壳质坚厚。螺旋部呈塔形，体螺层膨大。壳表布有念珠状螺肋，每螺层的中部和体螺层的上部形成肩角，其上具角状突起。壳面黄褐色或灰白色。壳口大，卵圆形，内白色。外唇扩张，外缘有锯齿状缺刻，内缘有齿状突起；内唇上部滑层贴附于体螺层上，下部竖起呈片状，内面具褶襞。后水管沟发达，突出壳外。

分布于我国东海和南海；印度—西太平洋。栖息于潮间带低潮区至浅海岩礁间或泥沙质、碎贝壳质海底。

# 海蜗牛科 Janthinidae Lamarck, 1822

贝壳多呈陀螺形或马蹄形。螺旋部较低，体螺层大，壳质薄，壳面多呈紫色，光滑或具微弱的褶纹。壳口卵圆形，无厣。足分泌的黏液形成浮囊，借助浮囊营浮游生活于海上。台湾地区称紫螺科。

## 139. 海蜗牛 *Janthina janthina* (Linnaeus, 1758)

别名紫螺。

贝壳呈矮圆锥形，壳长 28 mm，壳质薄脆。螺旋部低，体螺层膨大，缝合线明显。壳表具斜行细密的生长纹。壳基部平，刻有细弱的螺纹，体螺层周缘有钝的棱角。壳面上方苍白色，下方紫色。壳口近圆三角形，轴唇稍扭曲。

分布于台湾岛和南海；环球分布的暖水种。常成群在海洋表面浮游生活。

# 骨螺科 Muricidae Rafinesque, 1815

贝壳造型奇特，壳表花纹雕刻丰富多彩，有螺肋、结节、刺、长棘或纵肿肋等，并具有螺带和斑块。前水管沟有的延长呈管状，有的较短呈缺刻状。厣角质。肉食性，会在其他贝类的壳上钻孔，伸入长吻取食，因而对浅海贝类养殖有一定危害。

### 140. 浅缝骨螺 *Murex trapa* Röding, 1798

别名宝岛骨螺。

壳长 62 mm。各螺层肩角明显，缝合线浅。壳表螺肋与纵肋交织，每螺层有 3 条纵肿肋，螺旋部纵肿肋上具一个短尖刺，体螺层纵肿肋上则有 3 个较长的尖刺。壳面黄灰色或黄褐色。壳口卵圆形。外唇内缘具缺刻。前沟细长，呈管状，管壁上有 3 列从体螺层延伸下来的尖刺。厣角质。

分布于浙江以南海域至南沙群岛；印度—西太平洋。栖息于浅海软泥质或沙泥质海底。

### 141. 大棘螺 *Chicoreus ramosus* (Linnaeus, 1758)

别名大千手螺。

骨螺科中最大、最重的一种，壳长 170 mm。螺旋部低矮，体螺层巨大，缝合线浅。有纵肿肋 3 条，肋上具发达的分枝状棘；壳口边缘纵肿肋上的棘有 7 ~ 10 个，大小不等，以上方第一个最粗壮。纵肿肋间有一个大的或一大一小的瘤状突起。壳表黄白色，杂有褐彩斑，环行肋纹上常为褐色，体螺层缝合线下方大部染有铁锈色。壳口近圆形，内白色，唇缘粉红色。外唇边缘有发达的齿状缺刻，内唇光滑。前沟粗。厣角质。

分布于台湾岛和南海；热带印度—西太平洋。栖息于浅海水深数米至 30 m 的珊瑚礁海底。

## 142. 褐棘螺 *Chicoreus brunneus* (Link, 1807)

别名黑千手螺。

贝壳纺锤形，壳长 55 ~ 70 mm，壳质厚重。每螺层有 3 条纵肿肋，其上有短而分枝的棘，纵肿肋间有一列发达的瘤状突起。壳表密布粗细相间的螺肋。壳面紫黑色或紫褐色。壳口小，卵圆形，内白色，唇缘通常呈红色或橘黄色，外唇边缘有齿状缺刻。前沟几乎成封闭管状，后沟呈深的缺刻。厣角质。

常见种，分布于台湾岛和广东以南海域；印度—西太平洋。栖息于低潮线至数米水深的泥沙质或岩礁海底。

### 143. 条纹棘螺 *Chicoreus strigatus* (Reeve, 1849)

别名花条千手螺。

贝壳纺锤形，壳长 38 mm。每螺层有 3 条纵肿肋，其上生有短而分枝的棘，纵肿肋间有 2 ~ 3 列瘤状突起。壳表具细密的螺肋。壳面黄褐色。壳口小，卵圆形，内白色。外唇内缘有齿状缺刻，内唇光滑。前沟几乎呈封闭管状。

分布于南沙群岛；西太平洋。栖息于浅海泥沙质或岩礁海底。

### 144. 然氏光滑眼角螺 *Homalocantha zamboi* (J. Q. Burch & R. L. Burch, 1960)

别名然氏银杏螺。

壳长 48 mm。壳形奇特，表面白色，凹凸不平，每螺层有 4 ~ 5 条片状纵肋，其上生有长短不等的棘，外唇边缘的棘末端扩张呈片状。壳口卵圆形，内橙色。前沟呈封闭管状，外侧有两个强棘。

分布于台湾岛、海南岛和南沙群岛；日本、菲律宾、印度尼西亚、所罗门群岛等海域。栖息于潮间带岩礁或珊瑚礁间。

## 145. 核果螺 *Drupa morum* Röding, 1798

别名紫口岩螺。

贝壳腹面平，背面凸，略呈半球状，壳长 30 mm，壳质坚厚。螺旋部低小，体螺层上有 4 ～ 5 行发达的结节突起。壳面灰白色，有的结节突起上部呈黑褐色。壳口狭窄，内紫色，外缘为淡黄色。外唇边缘具角状突起，内缘有排列不规则的小齿；内唇扩张，轴唇近下部约有 5 条褶襞。厣角质，褐色。

分布于台湾岛和南海；印度—西太平洋。栖息于低潮线至浅海岩礁和珊瑚礁间。

## 146. 黄斑核果螺 *Sistrum ricinus* (Linnaeus, 1758)

别名黄齿岩螺。

贝壳卵圆形，壳长 20 ～ 28 mm。螺旋部低小，体螺层膨大，其上有 5 行发达的棘状突起，尤以外唇边缘上的棘最长。壳面淡黄色，突起的顶部呈黑褐色。壳口狭窄，内瓷白色。外唇缘具杏黄色斑块，内缘有 4 枚齿，上方第一枚齿最粗大，顶端有多个分叉；内唇下部具肋状齿。厣角质，淡黄褐色。

分布于台湾岛、海南岛、西沙群岛和南沙群岛；印度—西太平洋。栖息于潮间带至浅海的岩礁和珊瑚礁间。

### 147. 球核果螺 *Ricinella rubusidaeus* (Röding, 1798)

别名玫瑰岩螺。

贝壳近球形，壳长 20 ~ 30 mm。螺旋部较小，体螺层膨大。壳表粗糙，具成行排列的发达的半管状棘刺。壳面黄褐色。壳口卵圆形，周缘呈玫瑰红色。外唇内缘具一列肋状齿，轴唇下方具褶襞。厣角质。

分布于台湾岛、海南岛、西沙群岛和南沙群岛；印度—西太平洋。栖息于浅海珊瑚礁间或石块下。

## 148. 刺核果螺 *Drupina grossularia* (Röding, 1798)

别名金口岩螺。

贝壳卵圆形，壳长 18 mm，腹面扁平，壳质坚厚。壳顶微凸出，螺旋部低矮，体螺层膨大。壳表具发达的螺肋和结节突起。壳面黄白色。壳口狭长，内橙黄色。外唇外缘具 5 个指状突起，上方两条较发达，内缘有 6 枚强壮的颗粒状齿；内唇直。厣角质。

分布于台湾岛和海南岛以南海域；太平洋。栖息于低潮线附近至浅海珊瑚礁和岩礁间。

## 149. 角小核果螺 *Drupella cornus* (Röding, 1798)

别名白结螺。

贝壳纺锤形，壳长 39 mm。螺旋部高，缝合线不明显。壳表具细密的螺肋和微斜的纵肋，螺旋部每螺层肩部有一行角状结节，体螺层有 4 行角状结节，以上方第一行最为发达。壳面白色。壳口狭长，白色。外唇内缘具一列发达的肋状齿，内唇下部具 3 ~ 4 条褶襞。

分布于台湾岛、海南岛、西沙群岛和南沙群岛；印度—西太平洋。栖息于低潮线附近的珊瑚礁和岩礁间。

### 150. 珠母小核果螺 *Drupella margariticola* (Broderip, 1833)

别名珠母爱尔螺、稜结螺。

贝壳纺锤形，壳长 12 ～ 30 mm。壳表粗糙，雕刻有明显的纵肋和细螺肋，肋上通常具覆瓦状排列的小鳞片，螺层中部常形成肩角。壳面颜色有变化，呈黑褐色、黄褐色或灰白色，有的具白色或褐色螺带。壳口近卵圆形，内淡紫色或灰白色。外唇内缘具粒状齿列。厣角质。

分布于我国东海和南海；印度—西太平洋。栖息于潮间带至浅海岩礁和珊瑚礁间。

## 151. 环珠小核果螺 *Drupella rugosa* (Born, 1778)

别名粗糙核果螺、塔岩螺。

贝壳纺锤形，壳长 20 mm。螺旋部较高，每螺层上有两条、体螺层上有 4 ~ 5 条念珠状结节；壳色有变化，呈黄白色、红褐色或深褐色。壳口卵圆形，内橘色或白色。外唇内具小齿列。厣角质。

分布于台湾岛和海南岛以南各岛屿；印度—西太平洋。栖息于低潮线附近至浅海珊瑚礁和岩礁间。

## 152. 棘优美结螺 *Morula spinosa* (H. Adams & A. Adams, 1853)

别名棘结螺。

贝壳纺锤形，壳长 26 mm。螺旋部高，体螺层肩部明显。壳表有细密的螺肋，其上有延伸的棘突，肋上具覆瓦状小鳞片。壳面黄白色，棘突处颜色深。壳口窄，内紫色。外唇边缘具缺刻。厣角质。

分布于台湾岛、西沙群岛和南沙群岛；印度—西太平洋。栖息于浅海岩礁和珊瑚礁间。

### 153. 条纹优美结螺 *Morula striata* (Pease, 1868)

别名紫口结螺。

贝壳纺锤形，壳长 16 mm。壳表有细密的螺肋和发达的纵肋，其上有延伸的棘突，肋上具覆瓦状小鳞片。壳面褐色，结节突起呈白色。壳口窄，内紫色。外唇厚，内缘约有 5 个齿状突起。厣角质。

分布于台湾岛和西沙群岛；印度—西太平洋；栖息于浅海岩礁和珊瑚礁间。

### 154. 草莓结螺 *Morula uva* (Röding, 1798)

别名葡萄核果螺。

贝壳近卵圆形，壳长 20 mm。螺旋部低，顶部有褐色斑点。壳面灰白色，具有 5 ~ 6 行排列整齐的结节突起，突起的颜色通常有黑色和白色两种，在突起凹陷处有一条细螺肋。壳口狭长，内紫色。外唇内侧具 3 ~ 4 个齿状突起；轴唇上有 2 ~ 3 枚小肋状齿。厣角质，红褐色。

分布于台湾岛、海南岛、西沙群岛和南沙群岛；印度—西太平洋。栖息于低潮线附近的珊瑚礁间。

## 155. 白瘤结螺 *Muricodrupa anaxares* (Kiener, 1836)

贝壳小，略呈橄榄形，壳长 10 mm。壳面黑褐色，壳表有成行排列的白色瘤状突起。壳口狭窄，内面黑褐色。外唇内缘具小齿，轴唇中部颜色浅。厣角质。

分布于台湾岛和海南岛以南各岛屿；越南、阿拉伯东部及非洲东部等海域。栖息于低潮线附近的岩礁和珊瑚礁间。

## 156. 粒结螺 *Tenguella granulata* (Duclos, 1832)

别名结螺。

贝壳略呈橄榄形，壳长 15 mm。贝壳形态有变化，有的较瘦长，有的较宽短。壳表具成行排列的发达的结节突起。壳面灰白色，结节呈黑褐色。壳口小，内灰色。外唇厚，内缘有 4 ~ 5 个齿状突起；轴唇下部有 2 ~ 3 条弱褶襞。厣角质。

分布于台湾岛和南海；印度—西太平洋。栖息于潮间带高潮区岩礁和珊瑚礁间。

### 157. 多角荔枝螺 *Tylothais aculeata* (Deshayes, 1844)

别名铁斑岩螺。

贝壳略呈卵圆形，壳长 30 mm。螺旋部低，每螺层中部有一行发达的角状突起，体螺层上这种突起有 4 行。壳面灰褐色，在角状突起之间具纵行曲折的白色线纹。壳口卵圆形，内黑褐色或紫褐色。外唇边缘有缺刻或角状凹，内缘具粒状小齿。厣角质。

分布于台湾岛、海南岛、西沙群岛和南沙群岛；印度—西太平洋。栖息于潮间带至浅海岩石和珊瑚礁间。

## 158. 角瘤荔枝螺 *Menathais tuberosa* (Röding, 1798)

别名角岩螺。

贝壳近菱形，壳长 48 mm。螺旋部各螺层中部有一行发达的角状突起，体螺层上这种角状突起有 3 行，上方一行最发达，约有 8 个；突起间布有细螺肋。壳面黄白色，突起间有黑褐色色带。壳口卵圆形，内淡黄色，杂有棕色及黑棕色斑块。外唇内有橘黄色的细螺纹。厣角质，深褐色。

分布于台湾岛、海南岛、西沙群岛和南沙群岛；印度—西太平洋。栖息于低潮线附近至浅海岩礁间。

### 159. 筐格螺 *Murichorda fiscellum* (Gmelin, 1791)

别名编织结螺。

贝壳短纺锤形，壳长 22 mm。各螺层具发达的肩角，发达的螺肋和纵肋交织呈窗格状。壳面灰白色，螺肋和纵肋之间的颜色较深。壳口卵圆形，内紫色。外唇内缘具一列齿状突起。前沟短。厣角质。

分布于台湾岛和南海；印度—西太平洋。栖息于潮间带的岩礁和珊瑚礁间。

### 160. 鹧鸪蓝螺 *Nassa francolinus* (Bruguière, 1789)

贝壳橄榄形，壳长 68 mm。壳表粗糙，具粗细相间的螺肋，与纵肋相交形成许多小颗粒突起。壳面黄褐色至深褐色，具白色云状斑块。壳口长卵圆形，内黄白色，上部两侧各具一枚肋状齿。外唇边缘通常具白色和褐色相间的花纹。厣角质，黑褐色。

分布于台湾岛、海南岛、西沙群岛和南沙群岛；印度—西太平洋。栖息于低潮线附近的岩礁和珊瑚礁间。

## 161. 球形珊瑚螺 *Coralliophila bulbiformis* (Conrad, 1837)

别名粗皮珊瑚螺。

贝壳近球形，壳长 28 mm。螺旋部较低，体螺层宽大，肩部明显；壳面灰白色，壳表雕刻有覆瓦状鳞片组成的螺肋和低平的纵肋。壳口卵圆形，内紫色。外唇边缘具小棘刺，内唇平滑。前沟短管状，微曲向背方。厣角质，红褐色。

分布于台湾岛、海南岛和西沙群岛；印度—西太平洋。栖息于低潮线附近至潮下带数米深的珊瑚礁间。

## 162. 畸形珊瑚螺 *Coralliophila erosa* (Röding, 1798)

别名大肚珊瑚螺。

贝壳近菱形，壳长 21 mm。螺旋部较低，壳顶尖，体螺层宽大。缝合线上方和体螺层中部壳面扩张形成肩角，其上具结节突起。壳表粗糙，雕刻有密集的粗细不均匀的螺肋，肋上生有覆瓦状鳞片，纵肋较弱。壳口大，卵圆形，内白色。厣角质，淡黄褐色。

分布于台湾岛、海南岛、西沙群岛和南沙群岛；印度—西太平洋。栖息于低潮线附近至数米深的珊瑚礁间。

### 163. 紫栖珊瑚螺 *Coralliophila violacea* (Kiener, 1836)

贝壳近球形，壳长 22 ~ 26 mm。螺旋部稍高，体螺层膨圆。壳面灰白色，雕刻有精细的螺肋，生活时因表面覆盖一层石灰质而使壳面粗糙。壳口卵圆形，内紫色，布有整齐的螺纹。厣角质，褐色。

分布于台湾岛、海南岛、西沙群岛和南沙群岛；印度—西太平洋。栖息于低潮线至浅海珊瑚礁间。

### 164. 唇珊瑚螺 *Galeropsis monodonta* (Blainville, 1832)

贝壳扁卵圆形，壳长 30 mm。螺旋部低小，体螺层几乎为贝壳的全长。壳面灰白色，具细密的螺肋，通常覆盖一层石灰质。壳口宽大，内紫色，间具白色。外唇厚；内唇滑层较宽，中间凹陷。前沟宽阔。

分布于台湾岛、海南岛、西沙群岛和南沙群岛；印度洋和太平洋。栖息于低潮线附近或稍深的珊瑚礁质海底。

# 犬齿螺科 Vasidae H. Adams & A. Adams, 1853

贝壳较大而厚重，呈拳头形或纺锤形。壳表常具发达的角状突起，轴唇上有 2 ~ 6 枚肋状齿。厣角质，褐色。暖水种，多数生活在潮间带或浅海珊瑚礁、沙质或有藻类丛生的海底。食蠕虫或双壳类。台湾地区称拳螺科。

## 165. 犬齿螺 *Vasum turbinellus* (Linnaeus, 1758)

别名短拳螺。

贝壳近拳头形，壳长 55 mm，壳质坚厚。螺旋部低，体螺层大，缝合线不明显。壳表有粗螺肋和发达的角状突起，体螺层肩角上的一行最为发达。壳面黄白色，杂有紫褐色色带或斑块。壳口狭长，内黄白色。外唇外缘有齿状缺刻。轴唇上有 4 ~ 5 条肋状褶襞。厣角质。

分布于台湾岛和南海；印度—西太平洋。栖息于低潮区至浅海岩礁质海底。

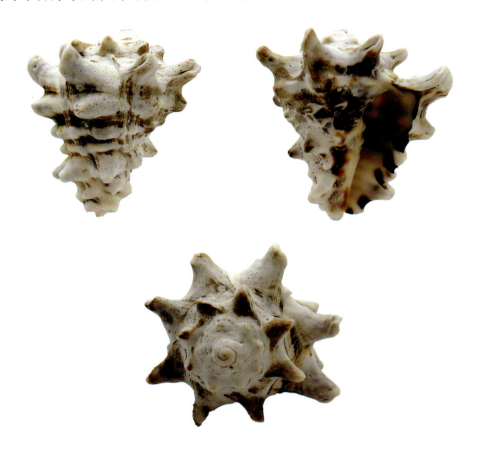

# 核螺科 Columbellidae Swainson, 1840

贝壳较小，呈纺锤形或卵圆形。壳口通常狭小，外唇内缘和轴唇上具齿状突起。前沟较短。厣角质。多生活在潮间带至水深约百米的砂砾或泥沙质海底。肉食性，以小型双壳类、甲壳类为食，并吃动物尸体。台湾地区称麦螺科。

### 166. 斑鸠牙螺 *Euplica turturina* (Lamarck, 1822)

别名球麦螺、陀螺麦螺。

贝壳小，近卵球形，壳长 12 mm。螺旋部小而尖，体螺层大，膨圆。壳表光滑，仅在基部刻有细螺纹。壳面黄褐色或白色，饰有褐色的斑点或线纹。壳口狭小，周缘常呈紫色。外唇肥厚，内缘中凸，具一列小齿；轴唇上具数枚小齿。

分布于台湾岛、西沙群岛和南沙群岛；印度—西太平洋。栖息于浅海珊瑚礁间。

### 167. 多形牙螺 *Euplica varians* (G. B. Sowerby Ⅰ, 1832)

别名缩麦螺。

贝壳小，纺锤形，壳长 18 mm。螺旋部较高，各螺层稍膨胀，缝合线明显。壳表具明显的螺肋和纵肋。壳面白色，缝合线附近有许多褐色的斑点或线纹，体螺层上、中、下部有 3 行褐色斑纹构成的色带。壳口狭窄，内淡紫色。外唇肥厚，内缘中凸，有一列细齿；轴唇具数枚小齿。前沟宽短。

分布于台湾岛、西沙群岛和南沙群岛；印度—西太平洋。栖息于潮间带至浅海岩礁间。

## 168. 龟核螺 *Pardalinops testudinarius* (Link, 1807)

贝壳略呈纺锤形，壳长 12 mm。螺旋部小，体螺层粗大，缝合线明显。壳表光滑，仅在体螺层基部具数条细而明显的螺肋。壳面深褐色或黄褐色，具有许多大小不等的白色斑点。壳口狭长，内白色。外唇厚，有 8～9 个明显的齿状突起。前沟短。

分布于台湾岛和南海；印度—西太平洋。栖息于潮间带至浅海岩礁和珊瑚礁间。

## 169. 斑核螺 *Pyrene punctata* (Bruguière, 1789)

别名红麦螺。

贝壳小，长卵圆形，壳长 17 mm。螺旋部低小，壳顶尖，体螺层膨圆，基部刻有细螺沟。壳面棕色或黄褐色，具白色的斑块和曲折的花纹。壳口狭长，内灰白色。外唇内缘中部具小齿列。前沟短，后沟窄。

分布于台湾岛和南海；印度—西太平洋。栖息于潮间带的岩礁间。

# 蛾螺科 Buccinidae Rafinesque, 1815

贝壳呈纺锤形或卵圆形等，壳面具纵横螺肋或结节突起，常被一层薄壳皮。前水管沟通常较短。厣角质，棕色。肉食性，以蠕虫、双壳类或腐败物为食。台湾地区称峨螺科。蛾螺科种类的系统学和分类地位存在诸多混乱与争议，世界海洋物种目录（World Register of Marine Species，WoRMS）的分类系统将本科中的一些种属归入 Babyloniidae、Pisaniidae 等科中。

## 170. 方斑东风螺 *Babylonia areolata* (Link, 1807)

别名象牙凤螺、象牙螺、凤螺、风螺、皇螺、花螺。

贝壳长卵形，壳长 36 mm，壳质稍薄但坚实。螺旋部稍高，各螺层壳面较膨圆，在缝合线下方形成窄而平坦的肩部。壳表光滑，生长纹细密。壳面黄白色，饰有排列整齐的近长方形紫褐色斑块，斑块在体螺层有 3 行，上方的一行最大；

被黄褐色壳皮。壳口半圆形，内白色，并映出壳表的色彩。外唇薄，内唇光滑并紧贴于壳轴上。脐孔大而深。厣角质。

分布于我国东南沿海；斯里兰卡、泰国、越南、菲律宾和日本等海域。栖息于水深数米至数十米的泥沙质海底。

## 171. 烟甲虫螺 *Pollia fumosa* (Dillwyn, 1817)

别名焦黄峨螺。

贝壳纺锤形，壳长 38 mm。缝合线明显，壳表具发达的纵肋和锐利的螺肋。壳面淡黄色，螺肋与纵肋相交的结节处呈烟熏色，体螺层中部有一条明显的白色螺带。壳口卵圆形，内白色。外唇内缘具齿列。

分布于台湾岛和南海；印度—西太平洋。栖息于潮间带的岩礁间。

## 172. 波纹甲虫螺 *Pollia undosa* (Linnaeus, 1758)

别名粗纹峨螺。

贝壳纺锤形，壳长 30 mm。壳表刻有明显且整齐的螺肋，纵肋仅在壳顶数螺层上出现。壳面淡咖啡色，螺肋深褐色。壳口卵圆形，内白色，边缘常具黄色镶边。外唇内缘具小齿列。后沟两侧各具一枚较发达的齿。

分布于台湾岛、海南岛和西沙群岛；印度洋和太平洋。栖息于潮间带岩礁间。

## 173. 华格纳氏蛾螺 *Pollia wagneri* (Anton, 1838)

贝壳纺锤形，壳长 28 mm。螺旋部高，缝合线明显。壳表具螺肋和粗圆的纵肋，壳面黄白色，纵肋间呈褐色，体螺层中部隐约可见一条白色的环带。壳口卵圆形，内白色。外唇厚，内缘具锯齿状缺刻。

分布于西沙群岛和南沙群岛；印度—西太平洋。栖息环境不详。

### 174. *Pollia* sp.

贝壳纺锤形，壳长 42 mm。螺旋部高，缝合线明显。壳表具螺肋和粗圆的纵肋，壳面黄褐色。壳口卵圆形，内白色。外唇厚，内缘具锯齿状缺刻。

标本采自西沙群岛。栖息环境不详。

### 175. 美带蛾螺 *Pisania fasciculata* (Reeve, 1846)

贝壳纺锤形，壳长 28 mm。螺旋部高起，各螺层中部膨圆。壳表光滑，壳面黄褐色，饰有不连续的红褐色环形线纹。壳口长卵圆形，外唇内缘具细小的锯齿状缺刻。前沟较宽，壳口后端两侧各具一枚较发达的齿。

分布于西沙群岛；印度—西太平洋。栖息于潮间带至浅海珊瑚礁间。

## 176. 火红土产螺 *Pisania ignea* (Gmelin, 1791)

别名火焰峨螺。

贝壳呈纺锤形，壳长 30 ～ 38 mm。螺旋部高起，缝合线明显。壳表光滑，在近壳顶数层具细的纵肋和螺肋。壳面黄褐色，杂有红褐色火焰状色斑。壳口长卵圆形，内紫红色。壳口后端两侧各具一枚较发达的齿。前沟较宽。

分布于台湾岛、海南岛、西沙群岛和南沙群岛；热带印度—西太平洋。栖息于潮间带石砾质海底。

## 177. 礼凤唇齿螺 *Engina mendicaria* (Linnaeus, 1758)

别名斑马峨螺、蜜蜂螺。

贝壳短纺锤形，壳长 16 mm。壳表具细螺肋和低而钝的纵肋。壳面布有黄色和黑色相间的环带。壳口狭窄，内白色，黑色的环带延伸至壳口内。外唇厚，内缘具齿状突起。

分布于台湾岛、海南岛和西沙群岛；印度—西太平洋。栖息于潮间带岩礁间。

### 178. 纵带唇齿螺 *Engina zonalis* (Lamarck, 1822)

别名正斑马峨螺。

贝壳短纺锤形，壳长 9 mm。壳表具细螺肋和低平的纵肋，纵肋上有结节突起。壳面布有白色和黑色相间的环带，有的黑色环带断开形成方形斑块。壳口小，周缘有褐色斑块。外唇内缘具齿状突起。

分布于台湾岛和南海；热带印度—西太平洋。栖息于潮间带岩礁间。

### 179. 美丽唇齿螺 *Engina pulchra* (Reeve, 1846)

别名可爱峨螺。

贝壳近橄榄形，壳长 27 mm。壳表有较粗的纵肋，与螺肋相交形成条状结节突起。壳面橘黄色。壳口卵圆形，内淡紫色。外唇内缘具颗粒状齿。前沟延长，稍向背方弯曲。

分布于台湾岛和南海；热带西太平洋。栖息于浅海的岩礁和珊瑚礁间。

# 蛇首螺科 Colubrariidae Dall, 1904

贝壳多呈长纺锤形，螺旋部高，有的螺层有些扭曲，壳面常有方格或布纹状雕刻，并有凸起的纵肿肋。外唇内缘具齿；内唇滑层发达，常具褶襞。前沟短。厣角质。台湾地区称布纹螺科。

## 180. 扭蛇首螺 *Colubraria tortuosa* (Reeve, 1844)

别名扭弯布纹螺。

贝壳长纺锤形，壳长 38 mm。螺旋部高，尖锥状，具纵肿肋和不均匀的膨肿，螺层有扭曲。壳表螺肋和纵肋相交形成排列整齐的颗粒状突起。壳面黄褐色，饰有褐色斑纹和细线纹。壳口小。外唇边缘加厚，内缘具小齿；内唇滑层较厚。

分布于南海；西太平洋。栖息于浅海岩礁间。

## 181. 古氏蛇首螺 *Colubraria cumingi* (Dohrn, 1861)

别名邱氏草人螺。

贝壳长纺锤形，壳长 43 mm。螺旋部高，尖锥形，壳表具明显的螺肋和纵肋，二者交叉形成颗粒状突起，每螺层有一条明显的纵肿肋。壳面呈浅黄橙色，布有褐色斑点和斑块。壳口小。外唇稍外翻，内缘有一列齿状突起；内唇滑层厚。

分布于台湾岛、海南岛、西沙群岛和南沙群岛；热带印度—西太平洋。栖息于潮下带浅海壳砾质或泥质海底。

# 织纹螺科 Nassariidae Iredale, 1916

贝壳较小，通常呈卵圆形，螺旋部圆锥形，体螺层较大。壳表平滑或有纵横螺肋、色带等花纹雕刻。壳口外唇常加厚，内缘具齿列，下端常有刺状齿。前沟宽短，呈缺刻状；后沟小。厣角质。主要栖息于潮间带至浅海泥沙质海底。属腐食性动物，胃内积累毒素。

## 182. 黑顶织纹螺 *Nassarius albescens* (Dunker, 1846)

贝壳短圆锥形，壳长 16 mm。体螺层膨大，壳表具明显的螺肋和纵肋，形成整齐排列的颗粒。壳面白色，布有浅褐色色带，壳顶黑褐色。壳口卵圆形，内白色，刻有整齐的螺纹。内唇滑层发达。前沟短而深，后沟形成小的缺刻。

分布于台湾岛、海南岛、西沙群岛和南沙群岛；印度—西太平洋。栖息于潮间带珊瑚礁区至水深 20 m 的沙质海底。

## 183. 方格织纹螺 *Nassarius conoidalis* (Deshayes, 1833)

别名球织纹螺。

贝壳略呈球形，壳长 11 mm。壳顶尖，体螺层膨圆，缝合线呈宽沟状。壳表刻有纵横交叉的深沟，形成许多发达的方格状结节突起。壳面灰褐色，体螺层背面常具一条白色螺带。壳口卵圆形，内淡褐色，具细螺纹。内唇上部形成滑层，并具一枚肋状齿。厣角质，褐色。

分布于我国东海和南海；印度—西太平洋。栖息于浅海水深 20 ~ 80 m 的沙质海底。

## 184. 橡子织纹螺 *Nassarius glans* (Linnaeus, 1758)

别名金丝织纹螺。

贝壳长卵形，壳长 43 mm。螺旋部高，缝合线深。螺旋部上部各螺层刻有螺肋和纵肋，形成颗粒状突起。体螺层和次体层光滑，具螺旋形沟纹，在缝合线下有一行结节突起。壳面黄白色，具褐色纵行云斑，螺旋形沟纹中有褐色线纹。壳口卵圆形，内白色。外唇边缘具齿状突起。

分布于广东海域、广西海域和南沙群岛；印度—西太平洋。栖息于低潮线至水深 10 m 的沙质海底。

## 185. 粒织纹螺 *Nassarius granifer* (Kiener, 1834)

别名白瘤织纹螺。

贝壳小，呈卵圆形，壳长 17 mm。螺旋部圆锥形，体螺层膨大，缝合线浅，呈波纹状。壳面白色，背面刻有小而整齐的颗粒状突起。壳口小，卵圆形，内洁白色。外唇厚，内缘具小齿列；内唇滑层发达，覆盖整个体螺层腹面。前沟缺刻状。

分布于海南岛、西沙群岛和南沙群岛；印度—西太平洋。栖息于潮间带沙滩至浅海泥沙质海底。

### 186. 疣织纹螺 *Nassarius papillosus* **(Linnaeus, 1758)**

贝壳长卵圆形，壳长 45 mm。螺层约 8 层。缝合线呈水波状。壳表具发达的横列疣状突起。壳面黄白色，杂有褐色斑。壳顶淡紫红色。壳口较圆，内白色。外唇边缘有 6 ~ 8 个明显的棘状突起，内唇光滑。前沟短而宽，后沟小。

分布于台湾岛、海南岛南部、西沙群岛和南沙群岛；印度—西太平洋。栖息于低潮线附近的沙滩上。

### 187. 西格织纹螺 *Nassarius siquijorensis* **(A. Adams, 1852)**

别名细雕织纹螺。

贝壳长卵圆形，壳长 18 mm。螺旋部高，缝合线深，略呈阶梯状。壳表有细螺肋和发达的纵肋。壳面黄白色，饰有褐色螺带。壳口卵圆形。外唇内缘具肋状齿，外缘下方具 10 余枚尖齿。厣角质。

分布于我国东海和南海；西太平洋。栖息于水深数米至数十米的沙质或泥沙质海底。

# 榧螺科 Olividae Latreille, 1825

贝壳多呈圆筒形，壳质较厚，螺旋部低小，体螺层高大。壳表有光泽和美丽的斑纹。壳口狭长，轴唇常有肋状褶襞。前沟宽短，呈缺刻状，后沟小。主要分布于热带与亚热带的印度洋和太平洋。南沙群岛地区俗称"观音贝"。

## 188. 宝岛榧螺 *Oliva annulata* (Gmelin, 1791)

贝壳长卵形，壳长 45 mm。螺旋部较高，缝合线深呈沟状。体螺层上半部隆起形成肩部。壳面光滑，乳白色，饰有大量淡褐色的斑点，每螺层上部与缝合线相连处有一行稀疏的紫色斑点。壳口狭长，内橘红色。内唇白色，轴唇上的肋状褶襞多而强。前沟较宽短，后沟小。

分布于台湾岛和南海；印度—西太平洋。栖息于低潮线附近的沙滩上。

### 189. 紫口榧螺 *Oliva caerulea* (Röding, 1798)

贝壳长筒形，壳长 24 mm。螺旋部略高，体螺层大。壳面黄白色，饰有褐色的曲折花纹，花纹在腹面常为小的斑点。壳口狭长，内紫色。内唇白色，轴唇上有肋状褶襞。

分布于台湾岛、西沙群岛和南沙群岛；印度—西太平洋。栖息于低潮线附近至浅海沙质海底。

### 190. 少女榧螺 *Oliva carneola* (Gmelin, 1791)

贝壳近卵形，壳长 16 mm。螺旋部低矮钝圆，壳顶小而尖，缝合线深呈沟状。体螺层高大，上半部隆起形成肩角。壳面光滑，瓷白色，体螺层上饰有宽窄不一的淡黄色螺带。壳口窄，内白色。轴唇上具数条肋状褶襞。前沟较宽短，后沟小。

分布于台湾岛和南沙群岛；印度—西太平洋。栖息于低潮线附近的沙滩上。

## 191. 波特榧螺 *Oliva efasciata berti* Terzer, 1986

贝壳长筒形，壳长 38 mm。螺旋部低矮，壳顶尖，缝合线深呈沟状，体螺层高大。壳面光滑，瓷白色，饰有散乱的淡黄褐色及紫色纵纹，在体螺层上、中、下 3 部分有 3 行紫色斑块构成的不连续色带。壳口狭长，内橘红色。外唇肥厚，内唇的唇褶多且较强。前沟宽短，后沟小。

分布于南沙群岛；菲律宾和马绍尔群岛。栖息于浅海珊瑚礁间的沙质海底。

## 192. *Oliva* sp.

贝壳长纺锤形，壳长 23 mm。螺旋部高，壳顶尖，缝合线浅。体螺层上半部微隆起形成肩角。壳面光滑，瓷白色，饰有褐色斑纹。壳口狭长，内白色。外唇较薄，轴唇上具数条肋状褶襞。前沟宽短。

标本采自南沙群岛。栖息环境不详。

# 笔螺科 Mitridae Swainson, 1831

贝壳纺锤形或毛笔头形，壳质结实。壳表平滑或由螺肋和纵肋交织形成网状雕刻。壳口狭长。无厣。肉食性。

### 193. 笔螺 *Mitra mitra* (Linnaeus, 1758)

别名锦鲤笔螺。

贝壳笋状，壳长 73 mm，壳质重厚。螺旋部高，缝合线明显，各螺层宽度增加均匀，体螺层中部稍膨大，基部收窄。除在壳顶部数螺层刻有螺纹和体螺层的基部刻有数条螺肋外，其余壳表光滑。壳面黄白色，具有排列较整齐而大小不等的朱红色或黄色斑块，被黄色的壳皮。壳口窄长，内黄白色。轴唇上有 4 枚肋状齿。前沟短宽。

分布于台湾岛和西沙群岛；热带印度—西太平洋。栖息于浅海沙质海底。

## 194. 肩瘤笔螺 *Condylomitra bernhardina* (Röding, 1798)

贝壳小，橄榄形，壳长 13 mm。螺旋部高，每螺层上方具一个台阶状的肩部，其上有发达的指状突起。壳表粗糙，具发达的螺肋和纵肋，相交形成格纹状。壳面黄白色。壳口窄。轴唇上约有 4 枚肋状齿。

分布于西沙群岛和南沙群岛；莫桑比克、毛里求斯、菲律宾和澳大利亚等海域。栖息环境不详。

## 195. 虚线笔螺 *Domiporta granatina* (Lamarck, 1811)

贝壳纺锤形，壳长 51 mm。螺旋部高，缝合线明显，壳表具整齐的螺肋。壳面白色，布有许多断续的褐色点线环带。壳口狭长。内唇具 4 枚肋状齿。

分布于台湾岛、海南岛和南沙群岛；印度—西太平洋。栖息于浅海沙质海底。

### 196. 华丽笔螺 *Nebularia chrysostoma* (Broderip, 1836)

别名金口笔螺。

贝壳纺锤形，壳长 33 cm。螺旋部高，缝合线明显，螺肋和纵肋交织形成细密的格子状雕刻。体螺层中部微收缩凹陷，刻有整齐细密的螺肋，纵肋较弱。壳面橘色至褐色，饰有白色斑纹和色带。壳口狭长。外唇厚，轴唇上具 4 枚肋状齿。

分布于台湾岛、西沙群岛和南沙群岛；印度—西太平洋。栖息于潮间带至浅海珊瑚礁间。

### 197. 收缩笔螺 *Nebularia contracta* (Swainson, 1820)

别名块斑笔螺。

贝壳纺锤形，壳长 44 mm。螺旋部圆锥形，缝合线明显，螺层周缘较平直，体螺层中部微收缩凹陷。壳表刻有整齐低平的细螺肋。壳面白色，饰有分散的橘红色斑纹。壳口狭长。轴唇上具 4 枚肋状齿。

分布于台湾岛、西沙群岛和南沙群岛；印度—西太平洋。栖息于潮间带至浅海珊瑚礁和岩礁间。

## 198. 无齿笔螺 *Nebularia edentula* (Swainson, 1823)

别名齿斑笔螺。

贝壳纺锤状，壳长 30 ~ 40 mm。螺旋部稍高，呈圆锥形。体螺层较长，缝合线明显。壳表具整齐排列的螺肋和稀疏的纵肋。壳面黄白色，饰有橘色火焰状斑纹及色带。壳口狭长。外唇稍厚。

分布于台湾岛、西沙群岛和南沙群岛；印度—西太平洋。栖息于浅海。

## 199. 锈笔螺 *Nebularia ferruginea* (Lamarck, 1811)

别名粗斑笔螺。

贝壳近于毛笔头状，壳长 53 mm。螺旋部高，壳面具有宽且规则的螺肋。壳面黄白色，有红褐色火焰状斑纹及色带。壳口狭长，内淡黄褐色。轴唇上有 5 枚肋状齿。

分布于台湾岛和广东以南海域；热带印度—西太平洋。栖息于潮间带或珊瑚礁间。

### 200. 焦斑笔螺 *Nebularia ustulata* (Reeve, 1844)

贝壳长纺锤形，壳长 42 mm。螺旋部高而尖，缝合线浅，明显。体螺层稍膨圆。壳表刻有整齐细密的螺肋，纵肋较弱。壳面黄白色，饰有橘红色斑纹和色带。壳口狭长，外唇薄，轴唇上有 5 枚肋状齿。

分布于台湾岛、西沙群岛和南沙群岛；印度—西太平洋。栖息于潮间带至浅海珊瑚礁间的沙质海底。

### 201. 脆笔螺 *Pseudonebularia fraga* (Quoy & Gaimard, 1833)

别名草莓笔螺。

贝壳小，橄榄形，壳长 16 mm。螺旋部与体螺层高度近等，缝合线浅。壳表粗糙，具发达的螺肋。壳表橘红色，螺肋上饰有断续的白色斑点。壳口窄。轴唇上有 4 枚肋状齿。

分布于台湾岛和西沙群岛；印度—西太平洋。栖息于潮间带至潮下带的珊瑚礁和岩礁间。

## 202. 沟纹笔螺 *Pseudonebularia proscissa* (Reeve, 1844)

别名褐雕笔螺。

贝壳橄榄形，壳长 68 mm。螺旋部与体螺层高度近等，缝合线明显。壳表刻有宽而低平的螺肋。壳面橙黄色，具褐色条纹，有的个体在体螺层中部有一条不完整的黄白色色带。壳口狭小。外唇稍厚，边缘齿状突起；内唇略斜，中部边缘有 3 ~ 4 条褶襞。前沟短小。

分布于台湾岛、广东海域、海南岛、西沙群岛和南沙群岛；印度—西太平洋。栖息于潮间带至浅海的珊瑚礁和岩礁间。

## 203. 齿纹花生螺 *Pterygia crenulata* (Gmelin, 1791)

别名弹头笔螺。

贝壳形如花生仁，壳长 24 mm，壳质坚实。螺旋部低，呈低圆锥形，缝合线浅，体螺层粗大。壳表刻有细的螺肋和纵肋，相交形成方格状的雕刻。壳面黄白色，饰有纵行的波状褐色线纹和云斑，螺肋上有细的褐色环纹。壳口狭长，内瓷白色。外唇略呈弧形，内唇下部有 8 ~ 9 枚肋状齿。

分布于台湾岛和广东以南海域；印度—西太平洋。栖息于低潮线附近的浅海。

## 204. 榧形笔螺 *Scabricola olivaeformis* (Swainson, 1821)

　　贝壳小，长纺锤形，壳长 12 mm。螺旋部低小，壳顶凸出，缝合线浅。体螺层高大。壳表光滑，壳面黄白色，壳顶和轴唇基部呈蓝色。壳口狭长，内白色。轴唇上有 5 枚肋状齿。

　　分布于台湾岛和南沙群岛；东印度洋和西太平洋。栖息于潮间带至浅海珊瑚礁间的沙质海底。

## 205. 金笔螺 *Strigatella aurantia* (Gmelin, 1791)

　　别名黄金笔螺。

　　贝壳橄榄形，壳长 37 mm。螺旋部高，缝合线呈沟状。壳表具低平的螺肋。壳面橘色至褐色，缝合线上方和体螺层上部具黄白色宽螺带。壳口窄，内白色。外唇内缘具齿列，轴唇上约有 5 枚肋状齿。前沟宽短。

　　分布于台湾岛、广东海域、海南岛和南沙群岛；印度—西太平洋。栖息于潮间带至潮下带的浅水珊瑚礁区。

## 206. 耳笔螺 *Strigatella auriculoides* (Reeve, 1845)

贝壳橄榄形，壳长 22 mm。螺旋部较低，缝合线明显。壳表具细密的螺肋。壳面橘红色，缝合线上方和体螺层上部具不规则的白色螺线。壳口窄，内白色。外唇外面上部有一块白色斑，轴唇上约有 5 枚肋状齿。前沟宽短。

分布于台湾岛、西沙群岛和南沙群岛；马斯克林群岛、瓦努阿图、新喀里多尼亚和波利尼西亚等海域。栖息于潮间带珊瑚礁或岩礁间。

## 207. 夕阳笔螺 *Strigatella aurora* (Dohrn, 1861)

贝壳纺锤形，壳长 38 mm。螺旋部较高，缝合线明显。壳表刻有均匀的螺肋，各螺层缝合线下方具有一圈稀疏的白色疣状突起。壳面橘色，饰有白色斑块。壳口狭长。轴唇上有 5 枚肋状齿。

分布于台湾岛和南沙群岛；印度—西太平洋。栖息于潮间带至潮下带的珊瑚礁和岩礁间。

### 208. 褐笔螺 *Strigatella coffea* (Schubert & J. A. Wagner, 1829)

别名咖啡笔螺。

贝壳纺锤形，壳长 55 mm。螺旋部高，呈尖圆锥形，缝合线细。壳表较光滑，具细密的螺肋和纵肋。壳面黄褐色。壳口狭长。轴唇上有 5 枚肋状齿。前沟宽短。

分布于台湾岛、西沙群岛和南沙群岛；印度—西太平洋。栖息于潮间带至潮下带的珊瑚礁和岩礁间。

### 209. 王冠笔螺 *Strigatella coronata* (Lamarck, 1811)

别名花环笔螺。

贝壳纺锤形，壳长 28 mm。螺旋部较高，缝合线明显。壳表具低平的螺肋和纵肋。壳面橘色。各螺层缝合线下方具有一圈稀疏的白色齿状突起，突起下方有一条白色环带。壳口狭长，内白色。轴唇上约有 5 枚肋状齿。前沟宽短。

分布于台湾岛和西沙群岛；印度—西太平洋。栖息于潮间带至浅海的珊瑚礁和岩礁间。

## 210. 堂皇笔螺 *Strigatella imperialis* (Röding, 1798)

别名帝王笔螺。

贝壳纺锤形，壳长 53 mm。螺旋部高，缝合线明显。壳表具宽而低平的螺肋和细密的纵肋，螺肋间密布整齐的针刺状小孔。各螺层缝合线下方有一圈稀疏的白色疣状突起。壳面淡黄褐色，饰有白色斑块。壳口狭长。外唇内缘具齿列，轴唇上有 5 枚肋状齿。

分布于台湾岛、西沙群岛和南沙群岛；印度—西太平洋。栖息于潮间带至浅海的珊瑚礁和岩礁间。

## 211. 短焰笔螺 *Strigatella retusa* (Lamarck, 1811)

贝壳橄榄形，较短粗，壳长 22 mm。螺旋低圆锥形，缝合线明显。壳表具细弱的螺肋和纵肋，在体螺层下部形成许多颗粒状突起。壳面红褐色，饰有细密的白色纵纹，体螺层中上部有一条白色螺带，壳色和花纹有变化。壳口窄，内浅红褐色。轴唇上有 5 枚肋状齿。

分布于台湾岛、西沙群岛和南沙群岛；印度—西太平洋。栖息于潮间带岩礁间。

### 212. 紫口笔螺 *Strigatella ticaonica* (Reeve, 1844)

别名橄榄笔螺。

贝壳橄榄形，壳长 30 mm。螺旋部较高，缝合线明显。壳表平滑，具整齐低平的螺肋，体螺层基部螺肋较为明显。壳面黄褐色，体螺层基部颜色较深。壳口狭窄。轴唇上有 4 枚肋状齿。

分布于台湾岛、西沙群岛和南沙群岛；印度—西太平洋。栖息于潮间带至浅海的珊瑚礁和岩礁间。

### 213. 金蛹笔螺 *Strigatella vexillum* (Reeve, 1844)

贝壳橄榄形，壳长 27 mm。螺旋部较高，缝合线明显。壳表平滑，壳面橘黄色，布有红褐色环纹。壳口狭长。轴唇上有 5 枚肋状齿。

分布于台湾岛和南沙群岛；印度—西太平洋。栖息于潮间带至浅海珊瑚礁间。

# 肋脊笔螺科 Costellariidae MacDonald, 1860

贝壳形态与笔螺科近似，呈纺锤形或卵圆形，壳质较厚，多数种类螺旋部较高。壳表具发达的纵肋和细螺纹，壳色有变化。壳口窄长。轴唇上具 3 ～ 5 枚肋状齿。前沟短。无厣。台湾地区称蛹笔螺科。

### 214. 金黄蛹笔螺 *Vexillum aureolatum* (Reeve, 1844)

贝壳近纺锤形，壳长 20 mm。螺旋部圆锥形，缝合线明显。壳表具螺肋和明显的纵肋，螺肋在体螺层中下部较明显，与纵肋相交形成颗粒状突起。壳面黄褐色，各螺层的肩部及体螺层下部的颗粒状突起上颜色较淡，体螺层上部和每螺层的下部饰有一条白色的环带。壳口窄，内白色。轴唇上具 4 枚肋状齿。

分布于西沙群岛；莫桑比克、菲律宾和塔希提等海域。栖息环境不详。

### 215. 白尔提蛹笔螺 *Vexillum balteolatum* (Reeve,1844)

贝壳长纺锤形，壳长 58 mm。螺旋部高而尖，缝合线明显。体螺层下部较细。壳表具发达的纵肋和细弱的螺肋，螺层上部有肩角。壳面灰白色，每螺层中部具一条较细的褐色螺线，体螺层具两条较粗的褐色螺线。壳口狭长，内近白色。轴唇上具 4 枚肋状齿。前沟粗短，微向背方扭曲。

分布于南沙群岛；日本、菲律宾和印度尼西亚等海域。栖息环境不详。

### 216. 白发带蛹笔螺 *Vexillum citrinum* (Gmelin, 1791)

贝壳长纺锤形，壳长44 ~ 55 mm。螺旋部高而尖，缝合线明显。体螺层下部较细。壳表具发达的纵肋和细弱的螺肋，螺肋在体螺层下部较明显，与纵肋相交形成格纹状。壳色有变化，多呈黄色，每螺层下部和体螺层中上部具一条白色宽螺带，有的个体在螺带两侧和体螺层中部还饰有褐色螺线。壳口狭长，内黄白色。轴唇上具4枚肋状齿。前沟稍延长，向背方弯曲。

分布于台湾岛和南沙群岛；印度—西太平洋。栖息于潮间带的沙质海底。

## 217. 番红花蛹笔螺 *Vexillum crocatum* (Lamarck, 1811)

贝壳近纺锤形，壳长 21 mm。螺旋部圆锥形，缝合线明显。壳表粗糙，具发达的螺肋和纵肋，相交形成粒状突起。壳面红褐色，体螺层上部和每螺层的下部饰有一条白色的环形细线纹。壳口窄，内浅红褐色，刻有细螺纹。轴唇上具 4 枚肋状褶襞。

标本采自西沙群岛；红海、马达加斯加、菲律宾和新喀里多尼亚等海域有分布记录。栖息环境不详。

### 218. 刺绣菖蒲螺 *Vexillum exasperatum* (Gmelin, 1791)

贝壳纺锤形，壳长 21 mm。螺旋部略高于体螺层，缝合线明显，螺层上部有肩角。壳表具发达的纵肋和明显的螺肋。壳面灰白色，纵肋上具褐色线纹。壳口狭长。轴唇上约有 4 枚肋状齿。前沟短，略向背方弯曲。

分布于台湾岛和南海；印度—西太平洋。栖息于浅海沙质海底。

### 219. 千肋蛹笔螺 *Vexillum millecostatum* (Broderip, 1836)

贝壳橄榄形，中部较膨胀，壳长 25 mm。缝合线明显，壳表排列有整齐的螺肋和纵肋，相交形成网格状雕刻。壳面白色，饰有橘红色斑纹。壳口窄。轴唇上具 4 枚肋状齿。后沟旁有一个明显的结节突起。

标本采自西沙群岛；莫桑比克、毛里求斯和西太平洋海域有分布记录。栖息于水深 0 ~ 20 m 的浅海。

## 220. 蝇纹菖蒲螺 *Vexillum plicarium* (Linnaeus, 1758)

别名黑带蛹笔螺。

贝壳纺锤形，壳长 44 mm。螺旋部呈高圆锥形，与体螺层近等。缝合线细，明显。每螺层中上部扩张形成肩角。壳表具发达的纵肋和细弱的螺肋，体螺层下部螺肋较明显。壳面白色，体螺层中部有一条褐色宽螺带，每螺层中部和体螺层上部、下部饰有褐色条斑组成的螺线。壳口狭长，内白色。外唇边缘加厚，轴唇上具 4 ~ 5 枚肋状齿。

分布于台湾岛和南沙群岛；印度—西太平洋。栖息于潮间带至浅海的泥沙质海底。

## 221. 粗糙菖蒲螺 *Vexillum rugosum* (Gmelin,1791)

别名黑带蛹笔螺。

贝壳纺锤形，壳长 36 mm。螺旋部呈高圆锥形，缝合线明显。壳表具发达的纵肋和细螺肋，每螺层上部扩张形成肩角。壳色常有变化，多呈浅灰色，具紫色或褐色螺带。壳口狭长，内近白色，染有黑色或棕色斑。外唇边缘加厚，轴唇上具 4 ~ 5 枚肋状齿。

分布于台湾岛和广东以南海域；印度—西太平洋。栖息于低潮线至浅海沙质或泥沙质海底。

### 222. 吸血蛹笔螺 *Vexillum sanguisuga* (Linnaeus, 1758)

贝壳长纺锤形，壳长 36 mm。螺旋部高，缝合线明显。壳表具发达的螺肋和纵肋。壳面白色，具整齐地排列成行的褐色斑块。壳口狭长，基部褐色。轴唇上具 4 枚肋状齿。

分布于南沙群岛；菲律宾、马来西亚和巴布亚新几内亚等海域。栖息环境不详。

### 223. 粗绣蛹笔螺 *Vexillum speciosum* (Reeve, 1844)

贝壳近纺锤形，壳长 18 mm。螺旋部圆锥形，缝合线明显。壳表具细弱的螺肋和发达的纵肋。壳面黄白色，体螺层中部饰有一条红褐色的宽螺带。壳口窄，内白色。轴唇上具 4 枚肋状齿。

标本采自南沙群岛；印度—西太平洋多地有分布记录。栖息环境不详。

## 224. 单线蛹笔螺 *Vexillum unifasciale* (Lamarck, 1811)

贝壳近纺锤形，壳长 16 mm。螺旋部圆锥形，缝合线明显。壳表具细弱的螺肋和发达的纵肋。壳面黄褐色，缝合线处和每螺层的中部饰有一条红褐色环形线纹，线纹在体螺层约有 5 条。壳口窄，内白色。轴唇上具 4 枚肋状齿。

分布于西沙群岛和南沙群岛；红海、波斯湾和菲律宾等海域。栖息环境不详。

## 225. *Vexillum sp.*

贝壳近纺锤形，壳长 17 mm。螺旋部圆锥形，缝合线明显。壳表具细弱的螺肋和发达的纵肋，基部螺肋较明显。壳面白色，体螺层中部饰有一条橘红色螺带。壳口窄，内白色。轴唇上有 4 枚肋状齿。

标本采自南沙群岛。栖息环境不详。

### 226. *Protoelongata bilineata* (Reeve, 1845)

贝壳纺锤形，壳长 22 mm。螺旋部圆锥形，缝合线明显。壳表光滑，具低而钝的纵肋，体螺层下部有较明显的螺肋，其上具细小的颗粒状突起。壳面褐色，每螺层缝合线上方和体螺层中部饰有黄白色环形线纹，缝合线上方的线纹呈串珠状。壳口狭长，内白色。轴唇上具 4 枚肋状齿。

分布于南沙群岛；菲律宾、越南、关岛和马绍尔群岛等海域。栖息环境不详。

### 227. *Protoelongata corallina* (Reeve, 1845)

贝壳长纺锤形，壳长 20 mm。螺旋部尖锥形，缝合线明显。壳表光滑，具低而钝的纵肋，体螺层基部有细弱的螺肋。壳面橘红色，纵肋突起处呈白色。壳口狭长，内面浅橘红色。轴唇上具 4 枚肋状齿。

分布于台湾岛和南沙群岛；印度—西太平洋。栖息环境不详。

# 细带螺科 Fasciolariidae Gray, 1853

　　贝壳通常呈纺锤形，螺旋部高，并常有肩角。壳表具纵肋、结节和螺旋纹，并被薄的壳皮。壳口卵圆形。前水管沟多延长。厣角质。以双壳类和蠕虫等动物为食。台湾地区称旋螺科。

## 228. 旋纹细肋螺 *Filifusus filamentosus* (Röding, 1798)

　　别名赤旋螺。

　　贝壳长纺锤形，壳长 118 mm。螺旋部塔形，每螺层中部膨胀形成肩部，其上具结节突起。壳表刻有粗细相间的螺肋。壳面褐色，混有黄白色斑纹。壳口卵圆形。外唇内面密布排列整齐的线纹，轴唇上具 3 枚肋状齿。前沟延长，半管状。厣角质，褐色。

　　分布于台湾岛、西沙群岛和南沙群岛；热带印度—西太平洋。栖息于浅海珊瑚礁间。

### 229. 四角细肋螺 *Pleuroploca trapezium* (Linnaeus, 1758)

别名角赤旋螺。

贝壳呈纺锤形，壳长 102 mm。各螺层的中部肩角上生有强大的角状突起，角状突起在体螺层通常有 8 个。壳表具细密的螺肋和成对排列的紫褐色细螺线，被黄褐色壳皮。壳口卵圆形。外唇内面密布排列整齐的紫褐色螺纹，轴唇上具 3 枚肋状齿。前沟稍延长。

分布于台湾岛、西沙群岛和南沙群岛；印度—西太平洋。栖息于低潮线至 20 m 水深的沙质海底。

### 230. 鸽螺 *Peristernia nassatula* (Lamarck, 1822)

别名紫口旋螺。

贝壳短纺锤形，壳长 30 mm。螺旋部圆锥状，各螺层中部膨圆。壳表粗糙，刻有发达的纵肋和粗细不等的螺肋。纵肋灰白色，肋间呈褐色。壳口卵圆形，内紫色。外唇内具齿纹，轴唇上具 2 ~ 3 枚肋状齿。前沟较短小。厣角质。

分布于台湾岛、海南岛、西沙群岛和南沙群岛；印度—西太平洋暖水区。栖息于浅海珊瑚礁和岩礁间。

## 231. 褐沟鸽螺 *Peristernia ustulata* (Reeve, 1847)

别名黑端旋螺。

贝壳纺锤形，壳长 34 mm。螺旋部较高，各螺层中部膨圆。壳表粗糙，刻有发达的纵肋和细螺肋。壳面灰白色，壳顶和基部呈褐色。壳口卵圆形，内白色。外唇厚，内面刻有细密的线纹，轴唇上具两枚肋状齿。前沟稍延长。

分布于台湾岛、西沙群岛和南沙群岛；印度—西太平洋。栖息于浅海岩礁或珊瑚礁间。

## 232. 宝石银山螺豆螺 *Latirolagena smaragdulus* (Linnaeus, 1758)

别名钓锤旋螺。

贝壳卵圆形，壳长 44 mm，壳质厚重。螺旋部较低矮，体螺层膨圆。壳面棕色，具紫褐色或深棕色的细密螺肋。壳口长卵圆形，内瓷白色。轴唇上具肋状褶襞。前沟短，前端紫褐色。厣角质，质厚。

分布于台湾岛、西沙群岛和南沙群岛；印度—西太平洋。栖息于低潮线附近的岩礁和珊瑚礁间。

### 233. 笨重山鬃豆螺 *Latirus barclayi* (Reeve, 1847)

别名摺轴旋螺。

贝壳纺锤形，壳长 35 mm。各螺层中部形成肩角，其上生有发达的结节突起。螺肋细。壳面橘色或黄白色，结节突起处颜色较淡。壳口卵圆形。外唇内缘具细肋，轴唇上具 4 ~ 5 条肋状褶襞。前沟延长。

分布于西沙群岛和南沙群岛；热带西太平洋。栖息于浅海珊瑚礁间。

### 234. 多角山鬃豆螺 *Latirus polygonus* (Gmelin, 1971)

别名多稜旋螺。

壳长 47 mm。形似笨重山鬃豆螺，但本种的纵肋和结节突起上有红褐色斑。

分布于台湾岛、海南岛和南沙群岛；印度—西太平洋。栖息于潮间带至浅海珊瑚礁和岩礁间。

## 235. 粗瘤山黧豆螺 *Nodolatirus nodatus* (Gmelin, 1791)

别名粗瘤旋螺。

贝壳长纺锤形，壳长 74 mm。螺旋部塔形，各螺层中部膨胀。壳表具粗细不等的螺肋和粗壮的纵肋。壳面黄褐色，被褐色壳皮。壳口卵圆形，内紫色。外唇内面密布整齐的线纹，轴唇上约有 3 枚肋状齿。前沟延长，半管状。

分布于台湾岛、西沙群岛和南沙群岛；热带印度—西太平洋。栖息于浅海珊瑚礁间。

## 236. 细纹山黧豆螺 *Turrilatirus craticulatus* (Linnaeus, 1758)

别名红斑塔旋螺。

贝壳纺锤形，壳长 42 mm。螺旋部高。壳表具粗细相间的螺肋和粗而低平的纵肋。壳面黄白色或黄褐色。纵肋上有橘色或红褐色的纵带。壳口卵圆形。外唇内壁有螺旋纹，轴唇上具 4 ~ 5 条肋状褶襞。前沟稍短。

分布于台湾岛、海南岛和西沙群岛；印度—西太平洋。栖息于低潮线附近的岩礁或珊瑚礁间。

### 237. 塔山鬃豆螺 *Turrilatirus turritus* (Gmelin, 1791)

别名黑纹塔旋螺。

贝壳纺锤形，壳长 55 mm。螺旋部高，缝合线浅。壳表粗糙，具明显的螺肋和粗而低平的纵肋。壳面红褐色，螺肋呈黑色。壳口卵圆形，内黄白色。前沟短。

分布于台湾岛和南沙群岛；热带印度—西太平洋。栖息于低潮线附近至浅海的珊瑚礁间。

### 238. 长矛旋螺 *Dolicholatirus lancea* (Gmelin, 1791)

贝壳细长呈纺锤形，壳长 28 mm。螺旋部呈尖塔状，缝合线凹，每螺层中部膨圆。壳表具粗壮的纵肋和明显的螺肋。壳面灰白色，纵肋间呈淡红褐色。壳口小，卵圆形。前沟细长，直管状。

分布于台湾岛和南沙群岛；印度—西太平洋。栖息环境不详。

注：WoRMS 将本种归入 Dolicholatiridae 科。

# 竖琴螺科 Harpidae Bronn, 1849

贝壳卵圆形，螺旋部低小，体螺层大而膨圆。壳表具稀疏等距离似片状的纵肋。壳口通常较大。内唇滑层较厚。前沟短。无厣。肉食性。台湾地区称杨桃螺科。

## 239. 玲珑竖琴螺 *Harpa amouretta* Röding, 1798

别名小杨桃螺。

贝壳长卵圆形，壳长 40 mm。螺旋部稍低，体螺层膨大。壳表具多条发达的纵肋，纵肋在肩角处形成棘刺状突起并延伸至缝合线。壳面淡黄色，有光泽，纵肋上有褐色细纹及紫褐色斑，肋间具紫褐色斑和折线，壳顶淡紫色。壳口大，内面可见与壳面对应的花纹。外唇缘增厚且具一列褐色斑，内唇滑层向外延伸，中央有一块紫褐色斑。前沟宽短。

分布于台湾岛、海南岛、西沙群岛和南沙群岛；印度—西太平洋。栖息于潮间带至浅海的沙质海底。

# 塔螺科 Turridae H. Adams & A. Adams, 1853

贝壳呈长锥形或纺锤形，螺旋部高，螺层较多。壳表有纵横螺肋或螺纹。壳口卵圆或较窄。后唇后端有一缺刻或凹槽。厣角质或无。台湾地区称捲管螺科。

## 240. 巴比伦捲管螺 *Turris babylonia* (Linnaeus, 1758)

贝壳纺锤形，壳长 62 mm。螺旋部高，壳顶尖。各螺层中部有一条发达的龙骨状螺肋，将螺层分为上、下两部分，上、下两部分的壳面均刻有细的螺肋。壳面白色，螺肋上排列有褐色斑点。壳口卵圆形。外唇上端缺刻深。前沟延长。

分布于台湾岛和南沙群岛；印度—西太平洋。栖息于潮下带的沙质或岩礁质海底。

## 241. 断线捲管螺 *Turris spectabilis* (Reeve, 1843)

贝壳长纺锤形，壳长 57 mm。螺旋部高，壳顶尖。各螺层中部有一条发达的龙骨状螺肋，将螺层分为上、下两部分，上、下两部分的壳面均刻有细的螺肋，下部的螺肋较发达。壳面白色，龙骨状螺肋及下部布有褐色虚线状环带，上部有褐色螺带。壳口卵圆形。外唇上部有缺刻。前沟稍长。

分布于台湾岛和南沙群岛；印度—西太平洋。栖息于浅海沙质海底。

## 242. 紫端麻斑捲管螺 *Purpuraturris nadaensis* (M. Azuma, 1973)

贝壳长锥形，壳长 60 mm，壳质较厚。螺旋部尖高。壳表具粗细相间的螺肋。壳面白色，密布纵向的褐色条纹。壳口纺锤形，外唇上端有缺刻。前水管沟稍长。

分布于台湾岛和南沙群岛；菲律宾。栖息于潮间带至浅海的沙质海底。

## 243. 唇角捲管螺 *Clavus canicularis* (Röding, 1798)

贝壳短纺锤形，壳长 22 mm。螺旋部高，缝合线浅。各螺层上部形成肩角，其上有发达的半管状棘突；体螺层下部另有一行较弱的突起。壳面白色，缝合线处具黄褐色或褐色线纹，体螺层中部有一条较宽的黄褐色或褐色螺带。壳口卵圆形，内白色。前沟短。

分布于台湾岛、西沙群岛和南沙群岛；印度—西太平洋。栖息于浅海泥沙质海底。

注：WoRMS 将本种归入 Drilliidae 科。

# 芋螺科 Conidae J. Fleming, 1822

贝壳多呈倒圆锥形或纺锤形，螺旋部低，体螺层高大。贝壳颜色和花纹丰富多彩，常被黄褐色壳皮。壳口狭长。前沟宽短。厣角质，小，不能盖住壳口。肉食性，以蠕虫、鱼类或其他软体动物为食。体内有毒腺，可射杀猎物，并能伤害捕猎者。

### 244. 沙芋螺 *Conus arenatus* Hwass in Bruguière, 1792

别名纹身芋螺。

贝壳近卵圆形，壳长 38 mm。螺旋部低圆锥形，各螺层肩部有一行疣状突起。壳面光滑，体螺层基部可见细螺纹。壳面白色，布有密集的褐色细小斑点，斑点分布不均匀，形成波纹状纵带，有的个体在体螺层中部上下形成两条不明显的环带。壳口窄长，内面略带粉红色。

分布于台湾岛、西沙群岛和南沙群岛；印度—西太平洋。栖息于潮间带至浅海岩礁间的沙质海底。

### 245. 飞蝇芋螺 *Conus stercusmuscarum* Linnaeus, 1758

壳长 42 mm。本种形似沙芋螺，但贝壳近筒形，螺旋部低圆锥形，各螺层肩部上方呈凹沟状，光滑无结节突起。壳面白色，有褐色细斑点和不规则的斑纹。壳口内橙黄色。

分布于台湾岛、西沙群岛和南沙群岛；西太平洋。栖息于潮间带至浅海岩礁间的沙质海底。

### 246. 海军上将芋螺 *Conus ammiralis* Linnaeus, 1758

别名天竺芋螺。

贝壳倒圆锥形，壳长 52 mm。螺旋部低圆锥形，侧边凹，壳顶凸出。各螺层肩部上方呈凹沟状，体螺层高大。壳面光滑，黄白色，布有大片黄褐色斑块，并布有大小不一的近似三角形白斑，体螺层上部和下部形成两条黄褐色的宽螺带。壳口窄长，内白色。

分布于南沙群岛；印度—西太平洋。栖息于潮间带至浅海沙质海底或珊瑚礁间。

### 247. 宫廷芋螺 *Conus aulicus* **Linnaeus, 1758**

贝壳较大，近圆筒形，壳长 108 mm。螺旋部呈圆锥形，侧边直，壳顶尖，缝合线浅。肩部圆。体螺层修长，侧边微凸，基部明显收窄。壳表具细密的螺纹。壳面深红褐色，布有大小不一、分布不均的近似三角形白斑，白斑在体螺层聚集形成若干环带和纵带。壳口稍宽，下方逐渐扩张，内白色。

分布于台湾岛和西沙群岛；热带印度—西太平洋。栖息于潮间带至浅海岩礁或珊瑚礁间的沙质海底。

### 248. 花黄芋螺 *Conus aureus* **Hwass in Bruguière, 1792**

贝壳修长，近圆筒形，壳长 43 mm。螺旋部呈圆锥形，侧边直，壳顶尖，缝合线浅；肩部圆。体螺层修长，侧边微凸，基部收窄。壳表具细密的螺纹。壳面黄褐色，饰有大量褐色的纵线纹和细小的近三角形白斑，较小的白斑在体螺层上、中、下部聚集形成 3 条环带，较大的白斑聚集形成若干条纵带。壳口窄长，内白色。

分布于南沙群岛；印度—西太平洋。栖息于潮下带至浅海岩礁或珊瑚礁间。

### 249. 金发芋螺 *Conus auricomus* Hwass in Bruguière, 1792

贝壳修长，近圆筒形，壳长 44 mm。螺旋部低圆锥形，体螺层修长，基部收窄。壳面光滑，橙红色，饰有大小不一、分布不均的近似三角形白斑，在壳体上、中、下部形成 3 条明显的环带。壳口窄长，内白色。

分布于台湾岛、西沙群岛和南沙群岛；印度—西太平洋。栖息于潮下带至浅海珊瑚礁间的沙质海底。

### 250. 萼托芋螺 *Conus episcopatus* da Motta, 1982

贝壳近圆筒形，壳长 60 mm。螺旋部低圆锥形，侧边微凹，壳顶钝，缝合线浅。肩部平滑钝圆，体螺层自上而下均匀收窄。壳面红褐色，饰有许多清晰的大小不一的近似三角形白斑，白斑多呈纵行的折线形排布。壳口窄长，内白色。

分布于西沙群岛；热带印度—西太平洋。栖息于潮间带至浅海岩礁或珊瑚礁间的沙质海底。

### 251. 华丽芋螺 *Conus magnificus* Reeve, 1843

别名美华芋螺。

贝壳近圆筒形，壳长 68 mm，壳质厚。螺旋部低圆锥形，侧边微凹，壳顶钝，缝合线浅。肩部平滑钝圆，体螺层自上而下均匀收窄。壳面红褐色，饰有密集的近三角形白斑，体螺层中上部和下部各具一条不明显的红褐色环带，被黄褐色壳皮。壳口窄长，内白色。

分布于台湾岛和西沙群岛；热带印度—西太平洋。栖息于潮间带至浅海岩礁或珊瑚礁间的沙质海底。

### 252. 奥马尔芋螺 *Conus omaria* Hwass in Bruguière, 1792

贝壳近圆筒形，壳长 44 mm，壳质厚。螺旋部低矮，缝合线浅。体螺层高大，基部收缩。壳面淡黄褐色，饰有大量大小不一、分布不均的近似三角形白斑，白斑在体螺层聚集形成若干条环带和纵带。壳口窄长，内白色。

分布于南沙群岛；印度—西太平洋。栖息于潮下带至浅海珊瑚礁间的沙质海底。

## 253. 桶形芋螺 *Conus betulinus* Linnaeus, 1758

别名别致芋螺。

贝壳倒圆锥形，壳长 95 mm，贝壳坚固。螺旋部低矮，壳顶凸出。体螺层高大，肩部钝圆，基部收缩。壳表平滑，黄白色，饰有成行排列的黑褐色斑点，斑点的大小、形状、颜色及排列的疏密有不同程度的变化；常被黄褐色壳皮。壳口狭长，内瓷白色。外唇边缘薄。

分布于台湾岛、海南岛、西沙群岛和南沙群岛；热带印度—西太平洋。栖息于低潮线附近至浅海沙质海底。

## 254. 泡芋螺 *Conus bullatus* Linnaeus, 1758

别名泡沫芋螺、红枣芋螺。

贝壳近筒形，壳长 57 mm，壳质厚。螺旋部低，壳顶凸出，缝合线浅。肩角与缝合线之间形成一条宽的凹沟。体螺层高大，侧边凸，基部收窄。壳表光滑，基部刻有细螺纹。壳面黄白色，饰有大量散乱的近似三角形或 V 形淡红褐色花纹。壳口稍宽，下方逐渐扩张，内淡橘红色。

分布于台湾岛、海南岛、西沙群岛和南沙群岛；西印度洋和西太平洋。栖息于潮间带至潮下带的泥沙质海底或珊瑚礁间。

### 255. 大尉芋螺 *Conus capitaneus* Linnaeus, 1758

别名船长芋螺。

贝壳倒圆锥形，壳长 33 mm。螺旋部低矮，体螺层上部宽大，基部收缩。肩部上方及基部刻有细螺纹。壳面黄褐色或灰褐色，肩部和中部各有一条白色环带，肩部以上饰有褐色火焰状花纹；中部环带的上、下缘各有一行不规则的褐色斑块，它们有时上下相连；其余壳面饰有由小斑点组成的环纹。壳口稍宽且长，内白色。

分布于台湾岛和南海；印度—西太平洋。栖息于低潮线附近的岩礁间。

### 256. 伶鼬芋螺 *Conus mustelinus* Hwass in Bruguière, 1792

别名鼬鼠芋螺。

壳长 47 mm。形似大尉芋螺，但本种壳面多呈淡黄色，体螺层上部和下部无小斑点组成的环纹。

分布于台湾岛、海南岛、西沙群岛和南沙群岛；印度—西太平洋。栖息于潮间带至浅海岩礁间。

## 257. 花带芋螺 *Conus coccineus* Gmelin, 1791

别名猩红芋螺。

贝壳近筒形，壳长 38 mm。螺旋部低圆锥形，缝合线浅，肩部上方有稀疏的结节突起。体螺层高大，基部收缩。壳表具细螺肋，肋上有细小的颗粒状突起。壳面淡黄褐色，体螺层中部饰有一条白色螺带，螺带上有褐色斑块。壳色和花纹有变化。壳口狭长，内白色。

分布于台湾岛和南沙群岛；西太平洋。栖息于潮间带至浅海的珊瑚礁间。

### 258. 枪弹芋螺 *Conus cylindraceus* Broderip & G. B. Sowerby Ⅰ, 1830

贝壳长纺锤形，壳长 22 mm，壳质薄。螺旋部低圆锥形，侧边微凸，缝合线浅。体螺层瘦长，基部收缩。壳面光滑，淡黄褐色，饰有稀疏的白色环带、纵纹及条斑。壳口狭长，内白色。

分布于台湾岛和南沙群岛；西印度洋和西太平洋。栖息于潮间带至浅海珊瑚礁间的沙质海底。

### 259. 将军芋螺 *Conus generalis* Linnaeus, 1767

贝壳倒圆锥形，较瘦长，壳长 28 mm。螺旋部低，壳顶数层凸出，侧边凹，缝合线明显。体螺层高大，基部收窄。壳表光滑，仅基部具数条细弱的螺肋。壳面黄白色，体螺层上部和下部各有一条褐色环带，上方一条较宽大，环带间饰有纵行的褐色线纹。壳口狭长，内白色。

分布于台湾岛、海南岛、西沙群岛和南沙群岛；印度—西太平洋。栖息于潮间带至浅海的沙质海底或珊瑚礁间。

## 260. 玉带芋螺 *Conus litoglyphus* Hwass in Bruguière, 1792

贝壳倒圆锥形，较瘦长，壳长 25 mm。螺旋部低矮，壳顶尖，缝合线明显。体螺层高大，自上而下均匀收窄。壳表光滑，基部螺肋较明显，其上具颗粒状突起。壳面黄褐色，肩部和体螺层中部各有一条不规则的白色环带，环带有时断开。壳口狭长，内白色。

分布于台湾岛、西沙群岛和南沙群岛；印度—西太平洋。栖息于潮下带至浅海岩礁或珊瑚礁间的沙质海底。

## 261. 猫芋螺 *Conus catus* Hwass in Bruguière, 1792

贝壳较短粗，倒圆锥形，壳长 34 mm，贝壳坚厚。螺旋部低圆锥形，缝合线浅，肩部钝圆。体螺层中上部膨圆，基部收窄。壳表具细弱的螺肋，基部螺肋较明显。壳面灰白色，饰有不规则的褐色斑块和斑点。壳口狭长，内白色。

分布于台湾岛、海南岛、西沙群岛和南沙群岛；印度—西太平洋。栖息于潮间带至浅海珊瑚礁或岩礁间。

## 262. 加勒底芋螺 *Conus chaldaeus* (Röding, 1798)

贝壳小，倒圆锥形，壳长 24 mm，壳质坚厚。螺旋部低圆锥形，体螺层粗短，基部收缩。肩部钝，具低而不明显的疣状突起。壳表刻有细螺肋，肋上常有小结节突起。壳面灰白色或淡黄色，饰有许多黑褐色或褐色似蠕虫状的纵条带，条带常在肩部和体螺层中部断开，使肩部和体螺层中部呈现出两条白色或淡黄色窄环带。壳口窄，内面略带淡紫色，基部黑褐色。

分布于台湾岛和南海；印度—西太平洋。栖息于潮间带岩礁间。

## 263. 花冠芋螺 *Conus coronatus* Gmelin, 1791

贝壳较小，倒圆锥形，壳长 27 mm。螺旋部低圆锥形，缝合线明显，其上部及体螺层肩部具结瘤，结瘤之间有褐色斑点。体螺层中部膨圆，基部收窄。壳色有变化，多呈灰白色或米黄色，肩部下方与体螺层中部有不明显的浅色螺带，上、下两侧具有不规则的褐色斑块，同时还布有白色及深色相间的点或短线构成的环纹，被黄褐色壳皮。壳口狭长，内有大片紫褐色斑块。外唇边缘薄。

分布于台湾岛和南海；印度—西太平洋。栖息于潮间带至浅海珊瑚礁间的沙质海底。

### 264. 希伯来芋螺 *Conus ebraeus* Linnaeus, 1758

别名斑芋螺。

贝壳小，倒圆锥形，壳长 31 mm，壳质坚厚。螺旋部低圆锥形，体螺层短粗，基部收窄。肩部具一行小的疣状突起，壳表具细弱的螺肋。壳面灰白色或淡粉红色，体螺层上具 4 行排列较整齐的近似长方形的黑紫色斑块，被黄褐色壳皮。壳口窄，内面通常为灰白色或淡粉红色，并具与壳表相对应的模糊暗色斑。

分布于台湾岛和南海；印度洋和太平洋。栖息于潮间带的岩礁间。

## 265. 象牙芋螺 *Conus eburneus* Hwass in Bruguière, 1792

别名黑星芋螺、黑玉米螺。

贝壳倒圆锥形，壳长 42 ~ 48 mm，壳质坚厚。螺旋部低平，几乎与体螺层肩部成一个平面，壳顶部稍突出，缝合线细。体螺层基部具明显的螺肋。壳面光滑，瓷白色，具红褐色或黑褐色斑点构成的环带，个体间斑点密集度和大小差异较大，常被淡褐色薄壳皮。壳口狭长，内瓷白色。外唇边缘薄。

分布于台湾岛和南海；热带印度—西太平洋。栖息于潮间带至浅海珊瑚礁间的沙质海底。

### 266. 地纹芋螺 *Conus geographus* Linnaeus, 1758

别名杀手芋螺。

贝壳近圆筒形，壳长 115 mm，壳质稍薄。螺旋部低小。体螺层高大，基部收缩。缝合线上方和体螺层肩角具结节突起。壳面淡黄褐色，具红褐色网状花纹和不规则的云状斑。壳口较宽，下方逐渐扩张，内白色。

分布于台湾岛、海南岛和西沙群岛；印度—西太平洋。栖息于低潮线附近至浅海的沙质海底或珊瑚礁间。

注：本种毒性极强，有伤人致死的记载。

### 267. 马兰芋螺 *Conus tulipa* Linnaeus, 1758

别名郁金香芋螺。

壳长 52 mm。形似地纹芋螺，但本种相对较小。螺旋部和肩部光滑无结节突起。壳面通常为白色略带紫色或紫灰色，具密集的褐色环形点线和不规则的云状斑。壳口内面紫色。

分布于台湾岛和南海；热带印度—西太平洋。栖息于潮间带至浅海珊瑚礁间。

## 268. 黄芋螺 *Conus flavidus* Lamarck, 1810

别名紫霞芋螺。

贝壳倒圆锥形，壳长 52 mm。螺旋部低，肩部光滑无结节突起。壳表具细螺肋，基部螺肋较明显。壳面灰黄色或黄色，体螺层中部有一条白色螺带，被黄褐色壳皮。壳口狭长，内紫色。

分布于台湾岛、海南岛、西沙群岛和南沙群岛；印度—西太平洋。栖息于潮间带至浅海岩礁和珊瑚礁间。

## 269. 橡实芋螺 *Conus glans* Hwass in Bruguière, 1792

贝壳橄榄形，壳长 38 mm。螺旋部小，缝合线明显，肩部钝圆，体螺层圆凸。壳表有明显的螺肋，有的螺肋上有微小颗粒状突起。壳面多呈紫色，由于颜色深浅不同而形成不规则的纵带，被黄褐色壳皮。壳口狭长，内紫色。

分布于台湾岛和南海；热带印度—西太平洋。栖息于潮间带至浅海珊瑚礁间。

### 270. 疣缟芋螺 *Conus lividus* Hwass in Bruguière, 1792

别名晚霞芋螺。

壳长 35 mm。形似黄芋螺，但本种肩部有发达的疣状突起，体螺层下半部有明显的细螺纹，其上有小颗粒状突起。

分布于台湾岛、海南岛、西沙群岛和南沙群岛；印度—西太平洋。栖息于低潮线附近至浅海岩礁和珊瑚礁间。

## 271. 堂皇芋螺 *Conus imperialis* Linnaeus, 1758

别名帝王芋螺。

贝壳倒圆锥形，壳长 50 ～ 70 mm，壳质坚厚。螺旋部低矮，缝合线上方及体螺层肩部具结节突起。体螺层高大，侧边直。壳面白色，饰有由断续的褐色斑点和断线构成的线环带，体螺层中部上下各有一条褐色宽螺带，被黄褐色壳皮。壳口狭长，内白色，基部褐色。

分布于台湾岛和南海；印度—西太平洋。栖息于低潮线附近至水深数米的沙质海底或珊瑚礁间。

### 272. 豹芋螺 *Conus leopardus* (Röding, 1798)

别名密码芋螺。

贝壳大，倒圆锥形，壳长 98 mm，壳质坚厚。螺旋部低平，缝合线浅。肩部宽，体螺层高大。壳面瓷白色，密布由黑褐色斑点及纵向短条纹所构成的环形螺带，通常短条纹和斑点交替出现，不同个体间有差异；被褐色壳皮。壳口狭长，内瓷白色，基部色淡。

分布于台湾岛、西沙群岛和南沙群岛；印度—西太平洋。栖息于潮间带至浅海岩礁间。

### 273. 信号芋螺 *Conus litteratus* Linnaeus, 1758

别名字码芋螺。

壳长 67 ~ 75 mm。形似豹芋螺，但本种壳面的螺带由近似方形的黑褐色斑块组成，排列较整齐。体螺层的上、中、下部通常有 3 条淡黄褐色环带。基部呈紫褐色。

分布于台湾岛和南海；印度—西太平洋。栖息于浅海沙质海底或珊瑚礁间。

## 274. 幻芋螺 *Conus magus* Linnaeus, 1758

别名僧袍芋螺、百合芋螺。

贝壳近圆筒形，壳长 39 mm。螺旋部低，缝合线浅，体螺层高大，基部收窄。壳表有细密的螺纹，基部较明显。壳面黄白色，体螺层上部和下部各有一条界线不分明的黄褐色宽螺带，存在个体差异。壳口窄，内灰白色。

分布于台湾岛、海南岛和西沙群岛；热带印度—西太平洋。栖息于低潮线至浅海的沙质海底或珊瑚礁间。

## 275. 黑芋螺 *Conus marmoreus* Linnaeus, 1758

别名大理石芋螺。

贝壳较大，倒圆锥形，壳长 52 ～ 96 mm，壳质厚重。螺旋部低矮，稍高出体螺层，缝合线浅，肩部具明显的结节突起，体螺层高大。壳面红褐色或黑褐色，布满清晰的近似三角形或多边形白色斑块，被黄褐色壳皮。壳口狭长，内淡粉色，基部白色。

分布于台湾岛、西沙群岛和南沙群岛；热带印度—西太平洋。栖息于低潮线至浅海数米深的沙质海底或珊瑚礁间。

### 276. 勇士芋螺 *Conus miles* Linnaeus, 1758

别名柳丝芋螺。

贝壳倒圆锥形，壳长 32 ~ 36 mm。螺旋部低圆锥形，缝合线深沟状，肩部钝圆。壳面光滑，基部螺肋明显。壳面淡黄色，中部和基部各有一条深褐色宽螺带，螺带上下曼延出许多纵行的褐色波状线纹，被绒毛状黄色壳皮。壳口狭长，内灰白色，有与壳表相应的浅褐色环带，基部暗褐色。

分布于台湾岛、海南岛、西沙群岛和南沙群岛；热带印度—西太平洋。栖息于低潮线下的沙质海底或珊瑚礁间。

### 277. 乐谱芋螺 *Conus musicus* Hwass in Bruguière, 1792

贝壳小，倒圆锥形，壳长 10 mm。螺旋部低矮，侧边稍凸，壳顶钝，缝合线明显。壳表光滑，螺肋细弱。壳面白色或灰白色，饰有褐色或暗褐色点和线组成的环纹，有些个体在中部常出现大片不规则淡红褐色斑或不完整的环带，肩部和螺旋部有暗褐色斑。壳口狭长，内白色，具与壳面相对应的模糊色彩，基部暗紫色。

分布于台湾岛、海南岛、西沙群岛和南沙群岛；热带印度—西太平洋。栖息于潮间带至潮下带的岩礁和珊瑚礁间。

### 278. 白地芋螺 *Conus nussatella* Linnaeus, 1758

别名飞弹芋螺。

贝壳长筒形，壳长 34 mm。螺旋部稍高，壳顶尖，肩部钝圆。体螺层长，基部收窄。壳表布有细螺肋，肋上具弱的结节。壳面黄白色，饰有黄色的不规则大斑纹，并布有橘色或深褐色小点构成的虚线。壳口狭长，内白色。

分布于台湾岛、海南岛、西沙群岛和南沙群岛；印度—西太平洋。栖息于潮间带至浅海的沙质海底或珊瑚礁间。

### 279. 点芋螺 *Conus pertusus* Hwass in Bruguière, 1792

别名艳红芋螺。

贝壳较小，倒圆锥形，壳长 27 mm。螺旋部低，肩部钝圆，缝合线明显。壳表布有规则细密的螺肋。壳面棕红色，肩部和体螺层中部具白色斑块构成的模糊螺带。壳口狭长，内粉色。

分布于台湾岛、海南岛、西沙群岛和南沙群岛；印度—西太平洋。栖息于潮下带至浅海珊瑚礁间。

### 280. 斑疹芋螺 *Conus pulicarius* Hwass in Bruguière, 1792

别名芝麻芋螺。

贝壳近卵圆形，壳长 46 ~ 63 mm，壳质厚。螺旋部低矮，壳顶尖，稍高出体螺层。肩部浑圆，上方具发达的结节突起。壳表光滑，基部刻有细螺纹。壳面瓷白色，饰有大小不等的褐色斑点，被黄褐色壳皮。壳口狭长，内瓷白色。

分布于台湾岛、海南岛、西沙群岛和南沙群岛；印度—西太平洋。栖息于潮间带至浅海的沙质海底或珊瑚礁间。

## 281. 橡芋螺 *Conus quercinus* [Lightfoot], 1786

别名蜡黄芋螺。

贝壳倒圆锥形，壳长 40 mm，壳质坚厚。螺旋部低矮，壳顶尖，缝合线明显。肩部宽，基部收窄。壳面蜡黄色，布有整齐的褐色细螺纹，被绒毛状黄褐色壳皮。壳口狭长，内白色。

分布于台湾岛、海南岛、西沙群岛和南沙群岛；印度—西太平洋。栖息于潮间带至浅海的岩礁和珊瑚礁间。

## 282. 鼠芋螺 *Conus rattus* Hwass in Bruguière, 1792

贝壳倒圆锥形，长 28 mm。螺旋部低矮，侧边稍凹，缝合线明显。肩部宽，基部收窄。壳表光滑，具细密的螺肋，基部螺肋较明显。壳色有变化，螺旋部灰白色，体螺层通常为绿褐色、黄褐色或暗褐色，饰有分散的小斑点，在肩部和中部有两条灰白色、淡紫色或淡褐色斑形成的不规则环带，被绒毛状淡褐色壳皮。壳口狭长，内紫色，有与壳面相对应的模糊色带。

分布于台湾岛、海南岛、西沙群岛和南沙群岛；印度—西太平洋。栖息于低潮线附近的岩礁间。

### 283. 面纱芋螺 *Conus retifer* Menke, 1829

贝壳近纺锤形，壳长 32 mm。螺旋部稍高，侧边直，肩部钝圆。壳表光滑，具细密的螺肋。壳面黄褐色，饰有大小不等的近三角形白斑，在体螺层上部和下部隐约可见两条褐色的环带。壳口狭长，内淡粉色。

分布于台湾岛和西沙群岛；热带印度—西太平洋。栖息于潮间带至浅海的沙质海底或珊瑚礁间。

### 284. 线纹芋螺 *Conus striatus* Linnaeus, 1758

贝壳近筒形，壳长 66 ~ 73 mm，壳质坚厚。螺旋部呈低圆锥形，肩部上方呈凹沟状，体螺层高大。壳表具整齐细密的螺纹。壳色有变化，通常为黄白色或淡粉色，饰有密集而断续的紫褐色线纹以及大小不均的斑纹，被土黄色壳皮。壳口狭长，内白色或淡粉色。

分布于台湾岛、海南岛、西沙群岛和南沙群岛；印度—西太平洋。栖息于浅海沙质海底。

注：本种能分泌很强的毒素。

## 285. 方斑芋螺 *Conus tessulatus* Born, 1778

别名红砖芋螺。

贝壳倒圆锥形，壳长 28 mm。螺旋部低，缝合线浅，肩部与缝合线间刻有两条与缝合线近似的螺沟。体螺层高大，基部收缩。壳表光滑，基部螺肋较明显。壳面黄白色，饰有排列成行的大小不一、分布不均的橘红色方斑，方斑在体螺层中部和近基部分布较紧密，形成两条色带。壳口狭长，内白色或淡粉色，基部淡紫色。

分布于台湾岛、海南岛、西沙群岛和南沙群岛；印度洋和太平洋。栖息于低潮线下至水深数米的沙质海底或珊瑚礁间。

## 286. 织锦芋螺 *Conus textile* Linnaeus, 1758

贝壳近纺锤形，壳长 78 mm。螺旋部较高，肩部钝圆。壳表光滑，基部刻有细螺肋。壳面光滑，灰白色，饰有密集的褐色网状或波状线纹，形成许多近三角形白斑，在体螺层上、中、下部各有一条不规则的橙褐色宽螺带。壳口稍宽而长，内白色。

分布于台湾岛和广东以南海域；印度—西太平洋。栖息于潮间带至浅海的石砾下或珊瑚礁间。

注：本种能分泌很强的毒素，如不慎被咬伤，重者可危及生命。

### 287. 菖蒲芋螺 *Conus vexillum* Gmelin, 1791

别名旗帜芋螺。

贝壳宽大，近倒圆锥形，壳长 62 mm。螺旋部低，壳顶钝，缝合线明显。肩部钝圆，体螺层上部宽大，基部细窄。壳表布有细密的螺肋，在基部较为明显。壳面黄褐色，颜色分布不均匀，形成许多纵行波状条纹。肩部和中部各有一条由白色斑块组成的不规则环带。壳口稍宽，内白色。

分布于台湾岛、海南岛、西沙群岛和南沙群岛；印度—西太平洋。栖息于潮间带至浅海的沙质海底或珊瑚礁间。

### 288. 贞洁芋螺 *Conus virgo* Linnaeus, 1758

别名玉女芋螺。

贝壳倒圆锥形，壳长 86 mm，壳质坚厚。螺旋部低矮，缝合线明显。体螺层上部宽大，基部收窄。壳表平滑，布有细密的螺纹，在基部较为明显。壳面淡黄色或白色，无花纹，被褐色壳皮。基部深紫色。壳口狭长，内瓷白色。

分布于台湾岛、西沙群岛和南沙群岛；印度—西太平洋。栖息于潮间带至浅海的沙质海底或珊瑚礁间。

## 289. 犊纹芋螺 *Conus vitulinus* Hwass, in Bruguière, 1792

别名小牛芋螺。

贝壳倒圆锥形，壳长 30 ～ 46 mm。螺旋部低矮，稍高出体螺层，缝合线较浅。壳表平滑，基部具 10 余条布有小颗粒的螺肋。壳面白色，饰有火焰状的纵行紫褐色花纹，体螺层上部和下部各有一条宽大的黄褐色或褐色螺带，并具排列整齐的环形褐色小斑点。壳口狭长，内青灰色，基部深褐色。

分布于台湾岛、海南岛、西沙群岛和南沙群岛；热带印度—西太平洋。栖息于潮间带至浅海岩礁间。

# 笋螺科 Terebridae Mörch, 1852

贝壳细长，呈尖锥或竹笋状，螺层多。螺旋部尖而高，壳面光滑或具纵横螺肋，常有螺带和花纹。壳口小。内唇有褶襞。前沟短。厣角质。

## 290. 罟纹笋螺 *Oxymeris maculata* (Linnaeus, 1758)

别名大笋螺。

贝壳竹笋状，壳长 78 mm，贝壳粗壮，是本科中最大的一种，壳长可达 200 mm。螺旋部高起，生长纹细密。壳面具淡黄色和白色相间的环带，各螺层饰有两行不规则的深紫褐色斑块，上部的一行斑块较粗大。壳口半圆形。外唇薄，轴唇上有一条明显的褶襞。

分布于台湾岛、西沙群岛和南沙群岛；热带印度—西太平洋。栖息于低潮线至浅海的沙质海底。

## 291. 黄斑笋螺 *Oxymeris chlorata* (Lamarck, 1822)

壳长 68 mm。形似罟纹笋螺，但本种个体较小。各螺层上部约 1/3 处有一条细螺沟。壳面白色，每条螺沟的上方和下方各有一行火焰状红褐色斑块。

分布于西沙群岛；热带印度—西太平洋。栖息于潮间带中、低潮区至水深 15 m 左右的浅海沙质海底。

## 292. 锯齿笋螺 *Oxymeris crenulata* (Linnaeus, 1758)

别名花牙笋螺。

贝壳尖锥形，壳长 65 ~ 93 mm。缝合线明显，各螺层肩部具一列发达的结节突起。壳面光滑，淡黄褐色，饰有红褐色小斑点组成的色带，色带在螺旋部各螺层上有两行、体螺层上有 3 行。肩部的结节突起间饰有纵行的褐色细线纹。壳口半圆形。内唇微扭曲。

分布于台湾岛、海南岛、西沙群岛和南沙群岛；热带印度—西太平洋。栖息于低潮线至水深数米的沙质或砂砾质海底。

## 293. 分层笋螺 *Oxymeris dimidiata* (Linnaeus, 1758)

别名红笋螺。

贝壳尖锥形，壳长 90 mm。缝合线明显，各螺层上部约 1/3 处有一条细螺沟。壳面光滑，呈橘黄色或黄色，螺层中部有一条白色螺带，并具纵行的白色条斑，相互交叉使壳面形成许多橘黄色的方斑。壳口卵圆形。前沟宽短。

分布于台湾岛、海南岛、西沙群岛和南沙群岛；热带印度—西太平洋。栖息于低潮线至浅海沙质海底。

### 294. 褐斑笋螺 *Oxymeris areolata* (Link, 1807)

贝壳尖锥形，壳长 98 mm。螺旋部高起，各螺层上部约 1/3 处有一条细螺沟。壳表光滑，壳面乳黄色，饰有排列成行的橘色方斑，方斑在各螺层有 3 行、体螺层有 4 行。壳口小，卵圆形。外唇薄，内唇扭曲。前沟宽短。

分布于台湾岛和南沙群岛；热带印度—西太平洋。栖息于低潮线至浅海沙质海底。

### 295. 细沟笋螺 *Terebra cingulifera* Lamarck, 1822

贝壳尖锥形，壳长 72 mm。螺旋部高起，缝合线明显，各螺层上约有 4 条细螺沟，并具细微的纵纹。壳面光滑，米黄色，各螺层最上部的螺沟与缝合线间颜色较浅，形成一条螺带。壳口小，卵圆形。外唇薄，内唇扭曲。前沟宽短。

分布于台湾岛和南沙群岛；热带印度—西太平洋。栖息于潮间带至浅海沙质海底。

## 296. 锥笋螺 *Terebra subulata* (Linnaeus, 1767)

别名黑斑笋螺。

壳长 102 mm。形似褐斑笋螺，但本种只有上部的螺层上有不明显的细螺沟，下部的螺层上无螺沟。壳面的橘色方斑大且规则，在各螺层有两行、体螺层有 3 行。

分布于台湾岛、海南岛、西沙群岛和南沙群岛；热带印度—西太平洋。栖息于低潮线至浅海沙质海底。

## 297. 白斑笋螺 *Terebra guttata* (Röding, 1798)

贝壳尖锥形，壳长 78 mm。螺旋部高起，壳顶尖细。壳表光滑，壳面浅棕色，各螺层缝合线下方及体螺层中部有一行排列规则的白色大方斑。壳口小，近方形。外唇薄，内唇扭曲。

分布于台湾岛和南海；热带印度—西太平洋。栖息于低潮线至水深数米的浅海。

### 298. 拟笋螺 *Myurella affinis* (J. E. Gray, 1834)

别名问题笋螺。

贝壳尖锥形，壳长 31 mm。螺旋部高起，各螺层上部约 1/3 处有一条小凹点组成的螺沟。壳表具低平的纵肋，肋间有针刺状小孔。壳面黄白色，具不规则的褐色斑。壳口小，近半圆形。轴唇稍扭曲。前沟短。

分布于台湾岛、海南岛、西沙群岛和南沙群岛；热带印度—西太平洋。栖息于潮下带至浅海沙质海底。

### 299. 波纹笋螺 *Myurellopsis undulata* (J. E. Gray, 1834)

壳长 37 mm。形似拟笋螺，但本种壳面呈黄色或淡黄褐色，螺沟与缝合线间形成白色的螺带。

分布于西沙群岛和南沙群岛；印度—西太平洋。栖息于潮间带至浅海。

### 300. 优美笋螺 *Myurella pertusa* (Born, 1778)

贝壳尖锥形，壳长 58 mm。螺旋部高起，缝合线明显，各螺层上布有均匀的细螺沟和低平弯曲的纵肋，肋间有针刺状小孔。壳面黄白色，每螺层缝合线下方有一条断断续续的褐色螺带。壳口小，近半圆形。轴唇稍扭曲。前沟短。

分布于台湾岛和南沙群岛；热带印度—西太平洋。栖息于潮下带至浅海沙质海底。

# 小塔螺科 Pyramidellidae J. E. Gray, 1840

贝壳多为中小型，呈尖塔形或锥形。螺层多，螺旋部高。壳表平滑或有纵肋和螺肋。壳口小。轴唇常有褶襞。厣角质。通常寄生在软体动物、环节动物和星虫动物身上并吸食体液。台湾地区称塔螺科。

## 301. 沟小塔螺 *Longchaeus maculosus* (Lamarck, 1822)

别名条纹塔螺。

贝壳尖锥形，壳长 24 mm。螺旋部高，缝合线明显呈沟状。壳面光滑，呈白色，具纵行的黄褐色斑纹。壳口小。外唇薄，内缘具 5 ~ 6 枚肋状齿；轴唇上有 3 条褶襞。前沟小。

分布于台湾岛和西沙群岛；热带印度—西太平洋。栖息于潮间带沙滩至浅海泥沙质海底。

# 枣螺科 Bullidae Gray, 1827

贝壳卵圆形或圆筒形。螺旋部小，卷入体螺层内，壳顶中央呈脐状洞孔。体螺层大。壳表光滑具光泽，常有斑点和花纹等装饰。壳口开阔，上部稍窄，下部扩张加宽。无厣。

### 302. 枣螺 *Bulla vernicosa* A. Gould, 1859

贝壳卵圆形，壳长 30 mm。螺旋部卷入体螺层内，在壳顶中央形成一小而深的洞孔。壳面多黄褐色，具大块的深褐色斑，并夹杂白色小斑点。壳口长与壳长近等，上部和中部稍狭，下部扩张而宽圆。外唇后端稍高出壳顶，内唇滑层白色。

分布于台湾岛和广东以南海域；印度—西太平洋。栖息于潮间带至浅海海藻、珊瑚礁或岩礁间。

### 303. 四带枣螺 *Bulla adamsii* Menke, 1850

贝壳长卵圆形，壳长 20 mm。螺旋部内卷入体螺层内，在壳顶中央形成一个圆形凹穴，壳顶呈斜截断状。壳面光滑，多呈褐色，有淡色杂斑，饰有 3 ~ 4 条模糊的深褐色螺带。壳口长，上部窄，下部扩张且加宽。内唇滑层厚。

分布于海南岛和西沙群岛；印度—西太平洋暖水区。栖息于潮间带至浅海岩石下、海藻或珊瑚礁间。

### 304. 东方枣螺 *Bulla punctulata* A. Adams, 1850

贝壳长卵圆形，壳长 30 mm。螺旋部卷入体螺层内，壳顶凹陷成小圆孔。壳面光滑，呈奶酪色或肉色，有褐色云斑和密集的白色斑点。壳口长，中部窄，下部扩张呈卵圆形，内白色。外唇稍厚，后端稍高出壳顶。

分布于台湾岛和南海；热带西太平洋和太平洋东岸。栖息于潮间带至浅海岩礁或海藻间。

# 长葡萄螺科 Haminoeidae Pilsbry, 1895

贝壳球形或圆筒形，壳质脆薄。螺旋部极小。壳口长，下部较上部宽大。轴唇弯曲。无厣。

## 305. 波纹月华螺 *Haloa pemphis* (R. A. Philippi, 1847)

贝壳小，卵圆形，壳长 13 mm。壳质薄而脆，淡白色，半透明，壳表具细密的螺纹，被有淡黄色壳皮。螺旋部卷入体螺层内，壳顶中央形成一个浅凹，但不形成深洞孔。体螺层膨胀。壳口上部稍狭，底部稍扩张呈半圆形。内唇石灰质层厚而宽。

分布于台湾岛和南海；日本。栖息于潮间带礁石或海藻间。

# 菊花螺科 Siphonariidae J. E. Gray, 1827

贝壳低矮扁平，形似笠贝。壳表具粗细不均、距离不等的放射肋。壳内多呈黑褐色。头扁平，触角萎缩。本科动物用肺呼吸，在壳内一侧有一凹沟为呼吸孔，此特征有别于帽贝及笠贝。台湾地区称松螺科。

### 306. 黑菊花螺 *Siphonaria atra* Quoy & Gaimard, 1833

别名黑松螺、细肋松螺。

贝壳低平卵圆形，笠状，壳长 27 mm。壳顶位于中央稍偏后方，常被腐蚀。壳表有自壳顶向四周的放射肋数条，放射肋隆起，粗细不均，肋末端超出贝壳边缘，使壳缘参差不齐。壳面黑褐色，放射肋色淡。壳内面黑褐色，有与壳表放射肋相应的放射沟，沟内色浅。右侧水管出入处凹沟发达。

分布于台湾岛和福建以南海域；西太平洋。栖息于高潮区的岩石上，能忍受较长时间的干旱。

# 双壳纲
## Bivalvia Linnaeus, 1758

# 蚶科 Arcidae Lamarck, 1809

贝壳呈卵圆形、球形或方圆形等，壳表具放射肋，并有粗糙的壳皮或发达的壳毛。两壳之间有韧带面，铰合部直或呈弓形，其上具许多细小的铵合齿。闭壳肌发达。台湾地区称魁蛤科。

### 307. 偏胀蚶 *Lamarcka ventricosa* (Lamarck, 1819)

别名鞋魁蛤。

贝壳近长方形，壳长 112 mm。前部宽短而膨胀，壳顶突出，位于前 1/2 处。自壳顶至后腹缘具一条粗脊。壳表具放射肋和间肋，与生长纹相交形成结节。壳面黄褐色，前部色淡，饰有褐色闪电状花纹。壳内灰白色，后部具大块棕色斑。铵合部狭长且直，齿小而细密。足丝孔大。

分布于台湾岛、海南岛、西沙群岛和南沙群岛；热带印度—西太平洋。栖息于潮间带至浅海，以足丝附着于岩礁间。

## 308. 古蚶 *Anadara antiquata* (Linnaeus, 1758)

别名古毛蚶。

贝壳近长卵圆形，两壳膨胀，壳长 62 mm。壳顶较钝，位于前端近 1/4 处。壳前端圆，后端斜截状。壳表具较宽平的放射肋约 34 条，每条放射肋由两条细肋组成；肋间沟窄于肋宽。壳面白色，被较厚的深褐色壳皮。壳内面黄白色，壳缘具缺刻。铰合部直，齿呈片状。

分布于台湾岛和南海；印度—西太平洋。栖息于潮间带浅水区。

### 309. 棕蚶 *Barbatia amygdalumtostum* (Röding, 1798)

贝壳呈卵圆形，壳长 30 ~ 55 mm。壳顶低，前倾。前端短，后端长，前后端边缘均为圆形。壳表密布细弱的放射线，与生长线相交形成粒状突起。壳面红棕色，壳顶部具两条白色放射状条纹，被褐色壳皮，在前、后和边缘区常形成鬃毛状。壳内灰白色或淡红棕色。中间的铰合齿小，两端的大。

分布于福建和广东海域，以及海南岛、西沙群岛和南沙群岛；印度—西太平洋。栖息于潮间带至浅海，以足丝附着于岩石或珊瑚礁上生活。

## 310. 青蚶 *Barbatia virescens* (Reeve, 1844)

别名青胡魁蛤。

贝壳长卵圆形，壳长 50 mm。前端圆而短小，后端长而扩张，壳顶位于前端近 1/4 处。腹缘中前部足丝孔处凹陷。壳表有明显而细密的放射肋和生长线。壳面略显绿色，外被棕色壳皮。铰合齿数目多，中间的极细小，两端的大。后闭壳肌大于前闭壳肌。

分布于浙江以南海域；日本、菲律宾、越南等海域。栖息于潮间带至数十米深的浅海，以足丝附着在岩礁间生活。

# 帽蚶科 Cucullaeidae R. B. Stewart, 1930

壳个体大，外形与蚶科近似，壳面被棕色壳皮，并具细密的放射肋。壳内有一个纵行的片状隔板，铰合部直而狭，两端的铰合齿强壮，中部的铰合齿弱。台湾地区称圆魁蛤科。

### 311. 粒帽蚶 *Cucullaea labiata* ([Lightfoot], 1786)

别名圆魁蛤。

贝壳大而膨胀，近菱形，壳长 88 mm。前端圆，后端斜，自壳顶倾斜向腹缘后端有一条隆起的脊。壳表具细密的放射肋，与生长纹交织形成布纹状。壳面土黄褐色，被棕褐色壳皮。壳内面灰白色，边缘淡紫色，具一个斜行的片状隔板。铰合部窄长，两端的铰合齿较大。

分布于台湾岛和南海；印度—西太平洋。栖息于浅海沙质或泥沙质海底。

# 蚶蜊科 Glycymerididae Dall, 1908

贝壳近圆形，两壳相等，壳顶小，通常位于背部中央。壳表具放射肋和生长轮脉，被薄的绒毛状壳皮。壳内缘常具锯齿状缺刻。韧带面小，铰合部宽而弯曲呈弧形，有数枚小齿。

## 312. 鎏金蚶蜊 *Tucetona auriflua* (Reeve, 1843)

贝壳近圆形，壳长 42 ~ 70 mm，壳质坚厚。壳顶突出，位于背部中央，前倾。壳表具粗壮的放射肋。壳面白色，饰有大片橘红色斑纹。壳内面白色，中部具褐色斑块。铰合部宽厚，呈弧形，前、后端各约有 12 枚铰合齿。

分布于台湾岛和南沙群岛；越南和菲律宾等海域。栖息于潮间带至浅海的沙质海底。

### 313. 安汶圆扇蚶蜊 *Tucetona pectunculus* (Linnaeus, 1758)

贝壳近圆形，壳长 40 ~ 45 mm，壳质坚厚。壳顶尖细，位于背部中央。壳表约有 27 条粗壮的放射肋，肋上有生长线形成的横向刻纹，肋间沟深而窄。壳面白色，饰有无规律的橘红色斑纹。壳内面白色，有时有褐色斑块。铰合部宽厚，呈弧形，在壳顶前方约有 12 枚铰合齿，后方约有 15 枚铰合齿。

分布于台湾岛和西沙群岛；热带印度—西太平洋。栖息于潮间带至水深 40 m 的贝壳和珊瑚碎屑中。

### 314. 瑞氏蚶蜊 *Glycymeris reevei* (Mayer, 1868)

贝壳近卵圆形，壳长 26 mm，壳质厚。壳顶突出，位于背部中央，略前倾。壳表具宽而平的放射肋，肋间沟细。壳面前部淡褐色，后部白色。壳内面白色，具紫褐色斑块。铰合部宽厚，呈弧形，前、后方各约有 8 枚铰合齿。

分布于台湾岛、西沙群岛和南沙群岛；西太平洋。栖息于潮间带至浅海沙质海底。

# 贻贝科 Mytilidae Rafinesque, 1815

贝壳呈三角形、楔形和椭圆形等，两壳相等，两侧不等。壳面颜色有变化，被角质的壳皮或壳毛。铰合部窄，无齿或具数个退化的齿状突起。两闭壳肌不等。足丝发达。栖息于潮间带至浅海，常以足丝附着在岩石、船底等物体上。台湾地区称壳菜蛤科。

## 315. 耳偏顶蛤 *Modiolus auriculatus* Krauss, 1848

别名云雀壳菜蛤。

贝壳近四边形，两侧膨胀，壳长 40 mm，壳质薄。壳顶圆，微凸出背缘，前端稍细，后端宽圆，腹缘微有凹陷。壳表粗糙，生长纹细密，较明显，后端被易脱落的黄色壳毛。壳面褐色，后背部多呈蓝褐色。壳内面蓝紫色。铰合部无齿。

分布于福建平潭以南海域；热带印度—西太平洋。以足丝附着在潮间带岩石上。

## 316. 菲律宾偏顶蛤 *Modiolus philippinarum* (Hanley, 1843)

贝壳近三角形，两侧膨胀，壳长 25 mm，壳质薄。壳顶偏前，腹缘中部微凹。自壳顶至壳表后端有一明显的隆起。壳面褐色，生长纹细密，具褐色壳皮，后端有稀疏的黄色壳毛。壳内面富有光泽，后背部多呈紫罗兰色，前腹部色淡。铰合部无齿，韧带宽短。

分布于台湾岛和福建以南海域；热带印度—西太平洋。以足丝附着在低潮线下至浅海的泥沙滩上生活。

### 317. 隔贻贝 *Septifer bilocularis* (Linnaeus, 1758)

别名孔雀壳菜蛤。

贝壳多呈长方形或楔形，壳长 21 mm。壳顶尖细，弯向腹缘，壳后端宽大，自壳顶至后腹缘有一条隆肋。壳表布满分枝状的细放射肋，壳后端常有稀疏的壳毛。壳面蓝绿色，杂有红褐色、白色或黑色斑点，壳顶和前腹缘处颜色较浅。壳内青蓝色，略显珍珠光泽。壳顶下方有一个三角形小隔板。足丝孔位于前腹缘，不明显。

分布于台湾岛和广东以南海域；印度—西太平洋。常群栖在潮间带至低潮线附近的岩石或珊瑚礁等物体上。

### 318. 隆起隔贻贝 *Septifer excisus* (Wiegmann, 1837)

别名白孔雀壳菜蛤。

贝壳略呈楔形，壳长 25 mm，壳质坚厚。壳顶尖细，位于贝壳的最前端，腹缘弯入明显，后缘呈弧形，自壳顶向后腹缘有一条高高的隆肋。放射肋与生长纹交织呈颗粒状。壳色常有变化，多呈淡黄褐色或驼色，壳顶附近及前腹缘颜色较浅。壳内面呈蓝紫色，近腹缘处常呈灰白色。壳顶下方具白色小隔板，多呈弯月形。足丝孔细长，较明显，位于前腹缘。

分布于浙江以南海域；印度—西太平洋。附着生活在潮间带至水深 20 m 的岩石等物体上，常群栖。

# 江珧科 Pinnidae Leach, 1819

贝壳大，多呈楔形，壳质薄。两壳相等，两侧不等。壳顶位于前端。壳内面具珍珠层。铰合部长，无齿，常占整个背缘。前闭壳肌痕位于前端，较小；后闭壳肌痕较大，位于中部。足丝发达。全部海产，以前端和足丝固着、后缘向上直立、半埋栖生活在潮间带至浅海。俗名"带子"，其后闭壳肌的干制品称"江珧柱"，是驰名中外的海珍品。

### 319. 多棘裂江珧 *Pinna muricata* Linnaeus, 1758

别名尖角江珧蛤。

贝壳长三角形，壳长 120 mm，壳质薄。壳顶较细，位于最前端；后端宽，呈截形。自壳顶沿壳面中部有一条直的裂缝。壳表具细放射肋，肋上具小鳞片。壳面黄褐色。壳内面颜色较浅，闭壳肌痕明显。

分布于台湾岛、海南岛、西沙群岛和南沙群岛；印度—西太平洋暖水区。半埋栖在低潮区至水深 50 m 的沙质或泥沙质海底。

### 320. 羽状江珧 *Atrina penna* (Reeve, 1858)

贝壳略呈长三角形，壳长 102 mm，壳质薄，半透明。壳顶尖细，位于最前端。背缘较直，沿背缘无小棘。腹缘自壳顶至足丝孔处稍内弯，向后逐渐膨突至后端又与背缘平行。后缘近截形。壳表淡黄色至黄褐色，生长线细密，在腹缘多呈褶状，放射肋上具细密的小棘。壳内面珍珠层区较小。铰合部无齿。前闭壳肌痕小，不明显；后闭壳肌痕大，近圆形。

分布于我国东海和南海；日本、菲律宾和印度尼西亚海域。栖息于浅海软泥质或泥沙质海底。

# 珍珠贝科 Pteriidae J. E. Gray, 1847 (1820)

贝壳呈圆形、方形或飞燕形等，左壳较凸而右壳平。壳顶前、后方通常具耳状突起，右壳前耳下方有明显的足丝孔。壳表粗糙，通常有鳞片。壳内面珍珠层厚，富有光泽，闭壳肌痕明显。以足丝营附着生活。其中一些种类可生产高质量的珍珠。台湾地区称莺蛤科。

### 321. 马氏珠母贝 *Pinctada fucata* (A. Gould, 1850)

别名合浦珠母贝、福克多真珠蛤。

贝壳斜四方形，壳长 25 mm，壳质薄，两壳稍不等。背缘略平直，腹缘弧形。壳顶前、后方具耳状突起。壳面黄褐色，具数条深色的放射线和覆瓦状排列的同心鳞片。壳内面中部珍珠层厚，银白色，富有光泽，边缘黄褐色。铰合部直，具小齿。闭壳肌痕大且明显。韧带细长。

分布于东海和南海；日本和越南等海域。栖息于低潮线至水深 10 m 左右的浅海。

### 322. 珠母贝 *Pinctada margaritifera* (Linnaeus, 1758)

别名黑蝶真珠蛤。

贝壳大，近圆形，壳长 105 mm。背缘平直，腹缘圆形。两耳不明显，右壳前耳下方有足丝孔。壳面黑褐色或青褐色，部分会有白色放射带，并排列有同心环形生长鳞片。壳内面珍珠层厚，银灰色，边缘为黑褐色。闭壳肌痕明显。铰合部无齿。韧带长，中部宽大。

分布于台湾岛和广东以南海域；印度—西太平洋暖水区。以足丝附着生活于低潮线至浅海岩礁或珊瑚礁上。

# 钳蛤科 Isognomonidae Woodring, 1925

贝壳形状不规则，较扁平，两壳和两侧多不等。壳顶位于背缘前端附近，壳顶下方具足丝孔。壳面粗糙，具同心环形生长鳞片。闭壳肌痕明显，近壳中央。铰合面宽，其上具有多个韧带槽。台湾地区称障泥蛤科。

### 323. 钳蛤 *Isognomon isognomum* (Linnaeus, 1758)

别名太平洋障泥蛤。

壳长 85 mm，壳形不规则，多呈长方形或舌形等，扁平，壳质厚。前、后耳略明显，有的个体两耳较长。壳表呈深蓝紫色，有不规则的生长鳞片。壳内面银灰色或灰紫色，具珍珠光泽。铰合部宽大，有 10 ~ 20 个平行排列的韧带槽。

分布于台湾岛、海南岛和西沙群岛；印度—西太平洋暖水区。以足丝附着生活于中低潮区的珊瑚礁或岩礁上。

### 324. 细肋钳蛤 *Isognomon perna* (Linnaeus, 1767)

别名花纹障泥蛤。

贝壳扁平，呈不规则圆形，壳长 30 mm。两壳不等，通常左壳大而坚厚，右壳小而薄。壳面土黄色，具褐色细放射肋和粗糙的同心鳞片层。壳内面银灰色，具珍珠光泽。铰合面宽，有 6 ~ 8 个韧带槽。

分布于台湾岛和广东以南海域；印度—西太平洋。以足丝附着生活于潮间带至浅海岩石上。

### 325. 豆荚钳蛤 *Isognomon legumen* (Gmelin, 1791)

别名白障泥蛤。

壳长 30 mm，壳形多变，有的短粗，近方形；有的细长，呈舌形或豆荚形。左壳凸厚，右壳平薄，多扭曲。壳面土黄色，具同心环形生长鳞片。壳内面银白色，具珍珠光泽，边缘淡黄色。闭壳肌痕明显。铰合面斜而宽，具 4 ～ 6 个韧带槽。

分布于我国东海和南海；印度—西太平洋暖水区。以足丝附着生活于潮间带。

### 326. 方形钳蛤 *Isognomon nucleus* (Lamarck, 1819)

别名小障泥蛤。

壳形多变，多呈方形，壳长 28 ～ 35 mm。壳顶在前方，突出呈喙状。两壳不等，左壳稍凸，右壳较平。壳面淡紫色或灰白色，边缘呈黑色，具同心环形生长鳞片，后端较明显。壳内面呈深紫色，具珍珠光泽。铰合面较宽，具 3 ～ 5 个韧带槽。闭壳肌痕明显。

分布于台湾岛和广东以南海域；日本、印度尼西亚和马来半岛等海域。以足丝附着生活于潮间带岩礁上。

# 扇贝科 Pectinidae Rafinesque, 1815

贝壳多呈圆盘或圆扇形，两壳不等。壳顶前后有耳，多数右壳前耳下方有足丝孔和细栉齿。壳面具放射肋或同心片状雕刻。闭壳肌痕明显，外套痕简单。内韧带位于壳顶下方的三角形韧带槽内。台湾地区称海扇蛤科。

### 327. 云娇拟套扇贝 *Bractechlamys vexillum* (Reeve, 1853)

贝壳圆扇形，壳长 28 mm。足丝孔较小，具细栉齿。壳表约有 9 条发达的放射肋，肋上具细密的小鳞片。壳面灰白色，布有褐色云状斑，壳色有变化。壳内面粉白色。

分布于台湾岛和南沙群岛；印度—西太平洋。栖息于低潮线至浅海的泥沙质或沙质海底。

### 328. 西沙优扇贝 *Excellichlamys histrionica* (Gmelin, 1791)

贝壳圆扇形，壳长 24 mm。足丝孔较小，其下方具有数枚细栉齿。壳表约有 11 条排列较规则的放射主肋，主肋间还有一条极细的放射肋，肋两侧皆具细锯齿。壳面呈白色或乳白色，放射肋上常具稀疏的淡红色或褐色斑点。壳内面白色。

分布于西沙群岛；印度—西太平洋。栖息于浅海珊瑚礁间。

### 329. 齿舌纹肋扇贝 *Decatopecten radula* (Linnaeus, 1758)

别名粗肋海扇蛤、齿舌栉孔扇贝。

壳略呈折扇形，壳长 55 mm。两壳略不等，右壳比左壳稍凸。左壳面黄白色，布不均匀的紫色斑点，放射肋有主肋 13 条，每条主肋由 2～3 条细肋组成。同心生长线细密，形成极小而细密的鳞片层。右壳表面较淡，无斑点。壳内面白色，铰合部直。足丝孔极狭，具数枚小齿。

分布于台湾岛和南海；印度—西太平洋。栖息于浅海有珊瑚礁的沙质海底。

### 330. 华贵类栉孔扇贝 *Mimachlamys nobilis* (Reeve ,1853)

别名高贵海扇蛤。

贝壳圆扇形，壳长 60 mm。两壳耳不等，前耳大而后耳较小，右壳前耳下方具明显的足丝孔和数枚细栉齿。壳表约有 23 条放射肋，肋上有翘起的小鳞片。壳色有变化，呈红色、黄色、橙色或紫色等。壳内面多呈浅黄褐色。闭壳肌痕大。

分布于台湾岛和福建以南海域；日本房总半岛以南海域。附着生活于水深 100 m 左右的岩石、碎石及沙质海底。

# 海菊蛤科 Spondylidae Gray, 1826

　　贝壳呈圆形或椭圆形，壳质多厚重。两壳不等，右壳大，固着在礁石等物体上，左壳略小。壳顶前、后具耳状突起。壳表粗糙，具各种放射肋，肋上具长短不等的棘刺。铰合部各具两枚发达的主齿，韧带槽位于两主齿间。

## 331. 莺王海菊蛤 *Spondylus regius* Linnaeus, 1758

　　贝壳近圆形，壳长 80 mm，壳质厚。右壳固着面极小。壳面膨圆，呈紫红色或橙褐色，具 6 条放射主肋，肋上有发达的长刺；主肋间还有粗细相间的次肋，肋上有小棘。壳内面白色，周缘红褐色。

　　分布于台湾岛、广西海域和南沙群岛；热带西太平洋。栖息于浅海岩砾质海底，以右壳顶部固着生活。

### 332. 厚壳海菊蛤 *Spondylus squamosus* Schreibers, 1793

别名鱼鳞海菊蛤。

贝壳多呈圆形或卵圆形，壳长 95 mm，壳质坚厚。壳表粗糙，约有 10 条稍宽的放射主肋，主肋间还具数条细间肋，肋上生有强壮的片状棘。壳面呈深褐色，壳顶具紫褐色斑点，放射肋和片状棘呈白色。壳内面白色，周缘有细缺刻和褐色环带。

分布于台湾岛、广西海域、海南岛、西沙群岛和南沙群岛；西太平洋。栖息于潮间带至水深 20 m 左右的浅海，以右壳固着生活。

### 333. 拉马克海菊蛤 *Spondylus lamarckii* Chenu, 1845

贝壳近卵圆形，壳长 78 mm。壳表约有 17 条放射肋，肋上生有片状棘或磨损。壳面褐色，放射肋灰白色，在壳面形成褐色与白色相间的条纹。壳内面白色，周缘具褐色环带。铰合部浅棕色，具两枚发达的主齿。

标本采自西沙群岛；分布于印度—西太平洋。固着生活于浅海岩礁质海底。

# 锉蛤科 Limidae Rafinesque, 1815

　　贝壳多呈圆三角形或卵圆形，两侧不等，壳顶的前、后方常有耳，多数种类两壳抱合时前、后缘有开孔。壳面有放射肋、网状雕刻或小棘。壳顶内侧有三角形的韧带槽。单肌型，前闭壳肌退化。台湾地区称狐蛤科。

## 334. 圆栉锉蛤 *Ctenoides ales* (H. J. Finlay, 1927)

　　贝壳近椭圆形，壳长 72 mm，壳质较厚。前耳大，后耳较小。两壳抱合时足丝孔呈锥形。壳表多呈淡黄色，具较细的放射肋，肋间距与放射肋宽近等。壳内面白色，边缘有锯齿状缺刻，壳顶中央有三角形的韧带槽。

　　分布于台湾岛和南沙群岛；西太平洋。栖息于潮下带水深 5 ～ 20 m 的岩礁质海底。

## 335. 习见锉蛤 *Lima vulgaris* (Link, 1807)

　　别名大白狐蛤。

　　贝壳斜卵圆形，壳长 86 mm。前耳小，后耳较大。壳面白色或土黄色，具宽的放射肋，肋上具排列整齐的鳞片。壳内面白色，壳顶中央有三角形的韧带槽，槽两侧具一列小齿。闭壳肌痕圆形。

　　分布于台湾岛和广东以南海域；印度—西太平洋。栖息于低潮线附近至水深 50 m 左右的浅海，以足丝附着生活。

# 牡蛎科 Ostreidae Rafinesque, 1815

　　壳形不规则，常因栖息环境不同而异。两壳不等，用于固着的左壳较大，右壳通常小而平。多数种类表面具鳞片或卷起的管状棘。铰合部通常无齿，但有一个发达的内韧带槽。单肌型，仅有一个后闭壳肌。俗称蚝、海蛎子等。

### 336. 咬齿牡蛎 *Saccostrea mordax* (Gould, 1850)

　　别名黑齿牡蛎。

　　贝壳近三角形，壳形极不规则，壳长 52 mm。两壳不等，左壳较平，右壳微凸。壳表具粗放射肋，肋上布有细密的鳞片，壳缘有齿状缺刻。壳面灰紫色。壳内面白色。铰合部具一列明显的小齿。

　　分布于台湾岛和南海；西太平洋。以左壳底部附着生活于潮间带的岩石等物体上。

# 满月蛤科 Lucinidae Fleming, 1828

贝壳多呈圆形或椭圆形，两壳相等。壳顶小而尖，位于背侧近中央处，前倾。同心生长纹明显。韧带陷入内部。铰合部较小，齿式变化多。闭壳肌痕及外套痕清楚，无外套窦。

### 337. 无齿蛤 *Anodontia edentula* (Linnaeus, 1758)

别名无齿满月蛤。

贝壳膨胀近球状，壳长 47 ~ 53 mm，壳质脆薄。壳顶小而尖，位于背部中央，前倾。壳面白色，生长纹细密。壳内面黄白色，闭壳肌痕明显，无外套窦。铰合部弱，成体无铰合齿。

分布于浙江以南海域；印度—西太平洋。栖息于潮间带及浅海沙质或泥沙质海底。

### 338. 美丽小厚大蛤 *Ctena bella* (Conrad, 1837)

别名美姬满月蛤。

贝壳小，近圆形，壳长 22 mm。壳顶尖，前倾。前背缘微凹，后背缘突起。壳表具规则细密的生长纹和较粗的放射肋，相交形成矮的结节，最前部和最后部生长纹较弱。壳面黄白色，前、后部略带橘红色。壳内面中部淡黄色，周缘白色。左、右壳各具主齿两枚；左壳前、后侧齿各两枚，右壳前、后侧齿各一枚。

分布于广东和广西海域，以及台湾岛、海南岛和西沙群岛；印度—西太平洋。栖息于浅海珊瑚礁间的沙质海底。

### 339. 斑纹厚大蛤 *Codakia punctata* (Linnaeus, 1758)

别名胭脂满月蛤。

贝壳近圆形，壳长 47 mm，两侧较扁平，壳质坚厚。壳表具低而平的放射肋，同心纹细弱。壳面白色或略带黄色。壳内面黄白色，边缘玫红色。闭壳肌痕显著，两壳各有主齿两枚。

分布于台湾岛、西沙群岛和南沙群岛；印度—西太平洋。栖息于低潮区珊瑚礁间的沙质海底。

### 340. 长格厚大蛤 *Codakia tigerina* (Linnaeus, 1758)

别名满月蛤。

贝壳近圆形，壳长 34 mm，壳质坚厚。壳表密布放射细肋和同心生长纹，二者交织呈网目状。壳面白色或淡黄色。壳内面黄白色，周缘和铰合部微红。闭壳肌痕显著，铰合部较宽，铰合齿发达，右壳具一枚主齿和一枚前侧齿，左壳具两枚主齿和两枚前侧齿。

分布于台湾岛、海南岛和西沙群岛；印度—西太平洋暖水区。栖息于潮间带至水深约20 m 的浅海沙质海底。

## 341. 佩特厚大蛤 *Codakia paytenorum* (Iredale, 1937)

别名红唇满月蛤。

贝壳近圆形，壳长 34 mm。壳表具规则的同心生长纹和不规则的放射肋，相交呈格子状，前、后部放射线较明显且密集，中部放射线不明显且间距大。壳面白色，前、后背缘略带红色。壳内面黄色，周缘上半部为红色，下半部为白色。铰合部宽大，铰合齿发达。

分布于海南岛南部和西沙群岛；热带印度—西太平洋。栖息于浅海珊瑚礁间的沙质海底。

## 342. 镶边蛤 *Fimbria fimbriata* (Linnaeus, 1758)

别名花篮蛤、银边蛤。

贝壳近卵圆形，壳长 76 mm，壳质厚重。壳顶钝，位于背部中央之后，前倾。前端圆，前背缘微下陷；后端略短，末端较细，后背缘微凸。壳表面刻纹可分为 3 部分，前部以放射肋为主，肋上布有粒状突起；后部的刻纹与前部相同；中部表面除有较强的放射肋外，肋间还有细放射线，这些放射肋和线与较粗且不甚规则的同心肋相交。壳内白色，两壳铰合部各有两枚主齿、一枚前侧齿和一枚后侧齿，后侧齿距主齿较远。

分布于台湾岛和南海；印度—西太平洋暖水区。栖息于浅海珊瑚礁间的沙质海底。

### 343. 史氏镶边蛤 *Fimbria soverbii* (Reeve, 1841)

别名索华花篮蛤、史氏银边蛤。

壳长 78 mm。形似镶边蛤，但本种壳表中部同心肋强且整齐规则，肋间沟较宽。放射肋相对较弱，只在同心肋间沟中才显露出来。壳面白色，有数条粉色放射状色带。

分布于台湾岛和西沙群岛；印度—西太平洋暖水区。栖息于浅海珊瑚礁间的沙质海底。

# 猿头蛤科 Chamidae Lamarck, 1809

　　贝壳形态不规则，有时扭曲，两壳不等，壳质厚。利用左壳或右壳固着生活，固着的壳大，不固着的壳小。壳表粗糙，常有鳞片或棘，外韧带。壳内面呈白色或紫色。闭壳肌痕大，外套痕完整。铰合部具 1 ~ 2 枚主齿。台湾地区称偏口蛤科。

## 344. 翘鳞猿头蛤 *Chama lazarus Linnaeus*, 1758

　　别名菊花偏口蛤。

　　贝壳近卵圆形，壳长 80 mm。壳表粗糙，具发达的片状同心肋，延伸呈短枝状，肋上有放射刻纹。壳面黄褐色。壳内面白色。

　　分布于台湾岛和南海；印度—西太平洋。栖息于潮间带至水深 20 m 的浅海，左壳固着于岩礁或珊瑚礁上。

### 345. 彩带猿头蛤 *Chama pulchella* Reeve, 1846

贝壳近卵圆形，壳长 25 mm。壳表粗糙，自壳顶至腹缘覆盖有强大而翘起的片状同心肋。壳面白色，壳顶处淡黄色，右壳面自壳顶放射出两条紫色色带。右壳内面淡黄色，左壳白色。

分布于海南岛、西沙群岛和南沙群岛；泰国、菲律宾和澳大利亚等海域。栖息于水深 10 m以浅，固着生活于岩礁或贝壳上。

### 346. 太平洋猿头蛤 *Chama pacifica* Broderip, 1835

别名扭曲猿头蛤。

贝壳近卵圆形，略扭曲，壳长 62 mm，壳质坚厚。壳面粗糙，呈白色或紫红色，丛生放射状的半管状棘刺突起。壳内面灰白色，周缘淡红色。闭壳肌痕明显。

分布于我国东海和南海；西太平洋。以左壳固着生活于潮间带下部至浅海的岩礁上。

# 心蛤科 Carditidae Férussac, 1822

贝壳呈卵圆形或长方形，壳质坚实。两壳相等，两侧不等，壳顶位于前端。壳表常具粗壮的放射肋。铰合部大，具 1 ~ 2 枚斜的主齿，侧齿有变化。闭壳肌痕明显。台湾地区称算盘蛤科。

### 347. 异纹心蛤 *Cardita variegata* Bruguière, 1792

别名算盘蛤。

贝壳近长方形，壳长 45 mm，壳质厚。壳顶近于前端，前缘截形，腹缘中部凹，后缘呈圆形。壳表中部隆起，表面放射肋粗壮且斜向腹缘，前腹缘放射肋较弱并生有鳞片状结节。壳面白色，肋上具褐色斑点和小结节。壳内面白色。铰合部弧形，腹缘有缺刻。

分布于我国东海和南海；印度—西太平洋。以足丝附着生活于低潮区的岩礁或珊瑚礁上。

### 348. 粗衣蛤 *Beguina semiorbiculata* (Linnaeus, 1758)

贝壳长卵圆形，壳长 65 mm，壳质坚厚。背缘弓形，腹缘平直，中央微凹。壳顶低，近前端。壳表具细密的放射肋，生长纹清晰。壳面褐色，腹缘前部白色。壳内面大半为紫褐色，前部白色。后闭壳肌痕大，韧带细长。

分布于台湾岛和南海；印度—西太平洋。栖息于浅海珊瑚礁间，以足丝营附着生活。

# 鸟蛤科 Cardiidae Lamarck, 1809

贝壳呈心脏形或卵圆形，两壳相等，两侧不等。壳表常有发达的放射肋，肋上常有鳞片、结节或小棘刺。壳内边缘有锯齿状缺刻。铰合部通常具主齿两枚，前、后侧齿各一枚。台湾地区称鸟尾蛤科。

## 349. 沙栖糙鸟蛤 *Trachycardium alternatum* (Sowerby, 1834)

贝壳略呈斜卵圆形，壳长 44 mm。壳顶尖，位于中央，壳向后腹缘倾斜。壳表具放射肋约 34 条，前 10 条放射肋断面为半圆形，肋上密布鳞片状结节；其余放射肋的断面为三角形，肋上无鳞片状结节，只在后 10 条放射肋的脊上有小棘状突起，呈锯齿状。肋间沟较窄，中央有一条隆起的细放射线。壳面白色，饰有褐色斑。壳内面白色，边缘锯齿状。

分布于海南岛南部和西沙群岛；印度—西太平洋。栖息于潮间带至水深 20 m 以浅的沙质海底。

## 350. 角糙鸟蛤 *Vasticardium angulatum* (Lamarck, 1819)

别名方鸟尾蛤。

贝壳略呈方形，壳长 80 ~ 102 mm，壳质坚厚。壳表具放射肋约 40 条，其中前部 10 余条放射肋上布有鳞片状突起；后部 10 余条放射肋上突起较发达，呈片状竖起。壳面黄白色或黄褐色，具有褐色云斑。壳口内白色，周缘紫褐色，具有发达的齿状缺刻。

分布于台湾岛和西沙群岛；印度—西太平洋。栖息于珊瑚礁间的沙质海底。

## 351. 黄边糙鸟蛤 *Vasticardium flavum* (Linnaeus, 1758)

别名黄边鸟尾蛤。

贝壳卵圆形，壳长 30 mm，两壳较膨胀。壳顶位于背部中央，前、后端钝圆，壳形稍向后腹方向倾斜。壳表约有 30 条粗壮的放射肋，前部的放射肋上密布低平的片状突起，越向后越不明显；后部的放射肋较扁平，其上有棘刺突起；前部肋间沟较狭窄，中部肋间沟深且较宽，后部肋间沟浅且极狭窄。壳面黄褐色，被有壳皮，有的个体肋上具不规则紫褐色斑。壳内面有与壳面放射肋相应的刻纹，中部黄色，有的为紫色，边缘白色。前、后闭壳肌呈椭圆形。

分布于台湾岛和南海；印度—西太平洋。栖息于低潮线附近至浅海粗沙质海底。

### 352. 脊鸟蛤 *Fragum fragum* (Linnaeus, 1758)

别名白莓鸟尾蛤。

贝壳近斜三角形，壳长 30 mm。壳顶尖，前倾。前端圆，后端截形。两壳膨胀，自壳顶至后腹角有一条放射脊，将壳表分为两部分，前部有放射肋约 22 条，后部有放射肋约 11 条；肋上具覆瓦状鳞片，其中前 12 条放射肋上的鳞片较高；肋间沟浅且狭窄。壳面白色，杂有浅灰白色云斑。

分布于台湾岛、海南岛和西沙群岛；热带印度—西太平洋。栖息于浅海珊瑚礁间的沙质海底。

### 353. 双带异纹鸟蛤 *Acrosterigma biradiatum* (Bruguière, 1789)

别名光华鸟尾蛤。

贝壳近圆形，壳长 23 mm，壳质稍薄。壳顶尖，位于中央。壳表光滑，刻有细密的放射纹和生长纹。壳面黄白色，有淡褐色雀斑。壳内面白色，上部有两条红色纵斑，周缘有细密的齿状缺刻。

分布于台湾岛和南沙群岛；印度—西太平洋。栖息于潮间带至水深 50 m 左右的浅海沙质海底。

# 砗磲科 Tridacnidae Lamarck, 1819

世界上最大的双壳类软体动物，壳质厚重。壳表有强大的放射肋，壳缘有大的缺刻，强大的隆起和沟壑像一道道深深的凹槽，如车渠，故名。铰合部有一枚主齿和 1 ~ 2 枚后侧齿。砗磲外套膜绚丽多彩，内有大量虫黄藻共生，借助膜内玻璃体聚光进行光合作用，供给砗磲丰富的营养。台湾地区称砗磲蛤科。根据中国《国家重点保护野生动物名录》，大砗磲为国家一级重点保护物种，砗磲科其他种均为国家二级重点保护物种。

### 354. 砗蚝 *Hippopus hippopus* (Linnaeus, 1758)

别名砗蚝、菱砗磲蛤。

贝壳近菱形，壳长 100 mm，个别大型者长达 400 mm。成体足丝孔闭合。壳表曲起呈弓状，具 10 余条放射主肋，肋间具两条细肋。壳面黄白色，通常具紫红色斑。壳内面瓷白色，具与壳表放射肋相对的放射沟。

分布于台湾岛、西沙群岛和南沙群岛；热带印度—西太平洋。幼体以足丝附着生活，成体栖息于浅海珊瑚礁间营自由生活。

### 355. 大砗磲 *Tridacna gigas* (Linnaeus, 1758)

别名库氏砗磲、巨砗磲蛤。

贝壳近卵圆形，壳长 450 mm，个体较大者可超过 1.3 m，为双壳类中最大者。壳质极厚重。壳表粗糙，约有 5 条粗壮的放射肋，肋间沟宽。足丝孔小。壳内面壳肌痕和外套痕明显。外韧带长，几乎为贝壳后背缘的全长。

分布于台湾岛、西沙群岛和南沙群岛；热带印度—西太平洋。栖息于浅海珊瑚礁间。

## 356. 鳞砗磲 *Tridacna squamosa* Lamarck, 1819

贝壳卵圆形，壳长 160 mm，个体较大者可超过 400 mm。壳顶近中央，足丝孔小，长卵形。壳面黄白色，具 4 ~ 6 条发达的放射肋，肋上具宽圆而翘起的鳞片。肋间沟较宽，刻有细肋。壳内面瓷白色。铰合部长。

分布于台湾岛、海南岛、西沙群岛和南沙群岛；热带印度—西太平洋。以足丝附着生活于潮间带和浅海珊瑚礁上。

### 357. 番红砗磲 *Tridacna crocea* **Lamarck, 1819**

别名圆砗磲、红番砗磲、红袍砗磲。

贝壳卵圆形，壳长 72 mm。两壳中等膨胀。壳顶位于中央之后，前倾，足丝孔大。壳表具宽而低平的放射肋和密集的覆瓦状同心纹，肋上有密集低矮的鳞片。壳面黄白色或略带红色。壳内面黄白色，具瓷光。闭壳肌痕大。

分布于台湾岛、海南岛、西沙群岛和南沙群岛；西太平洋和北印度洋。以足丝附着生活于浅海珊瑚礁上。

### 358. 长砗磲 *Tridacna maxima* **(Röding, 1798)**

壳长 140 mm，个体较大者可超过 350 mm。形似番红砗磲，但本种贝壳前端延长，后端短。壳表约有 6 条粗放射肋，肋上有发达的鳞片，肋间具数条放射细肋。壳面黄白色。壳内面瓷白色。足丝孔很大。

分布于台湾岛、海南岛、西沙群岛和南沙群岛；热带印度—西太平洋。栖息于浅海珊瑚礁间。

# 中带蛤科 Mesodesmatidae J. E. Gray, 1840

贝壳呈三角形或卵圆形，稍侧扁，壳质厚。壳面光滑或具同心生长纹，无放射肋。外韧带小，韧带槽中内韧带强大，铰合部左壳有一枚主齿，前、后侧齿单一；右壳主齿有分支。台湾地区称尖峰蛤科。

## 359. 环纹坚石蛤 *Atactodea striata* (Gmelin, 1791)

别名尖峰蛤。

贝壳卵三角形，壳长 27 mm，壳质坚厚。壳顶位于背缘中央。壳表具明显的生长纹，近腹缘更为明显。壳面白色，外被黄褐色壳皮。壳内面白色，有光泽。外套窦浅。

分布于台湾岛和福建以南海域；印度—西太平洋。栖息于潮间带沙质海底。

# 樱蛤科 Tellinidae Blainville, 1814

贝壳多呈卵圆形或圆三角形等，壳质薄，较扁平。两壳与两侧均不等。壳表有细的生长轮脉，有的具放射纹和彩带。两壳各具两枚主齿，右壳主齿有裂叉。外套窦深，两水管发达。

### 360. 皱纹樱蛤 *Quidnipagus palatam* Iredale, 1929

别名波纹樱蛤、粗纹樱蛤。

贝壳近卵圆形，壳长 33 mm。壳顶近背部中央。壳面白色，有粗糙的同心纹和细弱的放射纹。壳内面黄白色，顶部略呈杏黄色。外套窦宽而深，可达前闭壳肌痕处。

分布于台湾岛和广东以南海域；印度—西太平洋。栖息于潮间带中潮区砂砾和碎珊瑚质海底。

### 361. 盾弧樱蛤 *Scutarcopagia scobinata* (Linnaeus, 1758)

别名锉纹樱蛤、锉弧樱蛤。

贝壳近圆形，壳长 60 mm。壳表布满排列规则的蜂窝状竖起的鳞片，壳后部放射褶明显。壳面黄白色，常饰有紫褐色斑点和断续的放射色带。壳内面肉色或淡黄色。外套窦大。

分布于台湾岛、广东海域、海南岛和西沙群岛；印度—西太平洋暖水区。栖息于浅海碎珊瑚质或沙质海底。

### 362. 十形小樱蛤 *Tellinella crucigera* (Lamarck, 1818)

贝壳近舌形，壳长 35 mm。前端圆，后端细，近截形。壳面洁白色，生长纹细密，通常具有断续的放射状色带。壳内面淡黄色，外套窦长。

分布于台湾岛和南海；印度—西太平洋。栖息于潮间带至潮下带水深 20 m 的泥沙质海底。

# 紫云蛤科 Psammobiidae J. Fleming, 1828

贝壳多呈卵圆形、椭圆形或方形，两侧不等，多数前、后端稍开口。壳面或壳内常呈紫色，有同心生长纹或放射纹，常被一层薄壳皮。外韧带发达，紫褐色。通常两壳各具两枚主齿，少数有变化。肌痕明显，外套窦宽且深。

### 363. 对生蛥蛤 *Asaphis violascens* (Forsskål, 1775)

别名紫晃蛤、双生蛥蛤。

贝壳长卵圆形，壳长 72 mm。壳顶钝圆，位于背部中央偏前。壳表具粗细不均的放射肋，生长纹不均匀。壳面颜色有变化，有黄色、粉红色、灰白色等，壳后部多为紫色，有时饰有紫色或橙色的放射线。壳内面黄白色，后部紫色。两壳铰合部均具两枚主齿。外套窦宽。

分布于台湾岛和广东以南海域；印度—西太平洋。栖息于潮间带中潮区至浅海的砾石、粗砂及珊瑚砂中。

# 棱蛤科 Trapeziidae Lamy, 1920

贝壳长卵圆形或近长方形，壳质厚，两壳相等，两侧极不等。壳顶近前端，壳面有粗糙的生长轮脉。铰合部具主齿 2 ~ 3 枚，侧齿一枚。外套膜痕明显。台湾地区称船蛤科。

### 364. 双脊棱蛤 *Trapezium bicarinatum* (Schumacher, 1817)

别名稜船蛤。

贝壳近梯形，壳长 35 mm。壳顶位于近前端，前倾。背缘平直，腹缘微凸。自壳顶沿背缘和向后腹缘各有一条发达的龙骨状凸起。壳面白色，具粗糙的生长纹和细密放射纹，相交呈格子状。壳内面白色，或印有大块紫色斑。铰合部具两枚主齿和一枚侧齿。前闭壳肌痕近椭圆形，后闭壳肌痕马蹄形。

分布于台湾岛和西沙群岛；印度—西太平洋。栖息于水深 10 m 以浅的珊瑚礁间沙质海底。

### 365. 长棱蛤 *Trapezium oblongum* (Linnaeus, 1758)

别名方形船蛤。

贝壳近长方形，壳长 46 ~ 55 mm，壳质厚。壳顶位于近前端，前倾。壳中部自壳顶向后腹缘具一条发达的凸起。壳面灰白色，具细密的生长纹和放射纹，后背区刻纹更明显。壳内白色，或印有大块紫色斑。铰合部有 3 枚发达的主齿和一枚侧齿。

分布于台湾岛、海南岛、西沙群岛和南沙群岛；印度—西太平洋。栖息于潮间带至浅海20 m 以浅的珊瑚礁和岩礁海底。

# 帘蛤科 Veneridae Rafinesque, 1815

贝壳呈圆形、卵圆形或三角形，两壳相等。壳面有花纹、同心生长轮脉、放射肋或棘刺等多种变化。小月面明显，具外韧带。铰合部具 3 枚主齿。

## 366. 布目皱纹蛤 *Periglypta clathrata* (Deshayes, 1854)

别名竹篮帘蛤。

贝壳横卵圆形，膨胀，壳长 71 mm，壳质重厚。壳顶位于前端约 1/4 处，前倾。同心生长纹平而钝，粗细不等，与细的放射肋交织呈长方格状，壳顶区方格较细密。壳面浅棕黄色或近白色，有断断续续的褐色放射状色带。壳内面白色。两壳各具 3 枚主齿，中央主齿强大，两个分叉，后主齿斜长。前、后闭壳肌痕大。外套窦呈舌状，先端钝圆。

分布于海南岛及其以南海域；印度—西太平洋。栖息于潮间带和潮下带的浅水区。

## 367. 皱纹蛤 *Periglypta puerpera* (Linnaeus, 1771)

别名圆球帘蛤。

壳形变异较大，近圆形或方卵圆形、斜卵圆形，膨胀，壳长 72 mm，壳质重厚。壳顶近前端，前倾。同心生长纹形态有变化，通常较低平，间距宽。放射肋低而宽，间距小，两者交叉呈长方格状。壳面浅棕黄色，顶部有不规则的棕色斑点，往腹缘延伸形成棕色放射状色带，后端有一片棕色区。壳内面白色，有的个体后部呈橘红色或紫色。前、后闭壳肌痕明显，略呈马蹄状。外套窦先端钝圆。

分布于台湾岛和南海；印度—西太平洋。栖息于潮间带下部含珊瑚礁碎屑的泥沙质海底。

## 368. 网皱纹蛤 *Periglypta reticulata* (Linnaeus, 1758)

别名山水帘蛤、网目帘蛤。

贝壳略呈球形，极膨胀，壳长 56 mm，壳质重厚。壳顶近前端，前倾。前端圆，背缘高，后背缘斜直，腹缘由前往后倾斜。壳表十分粗糙，具发达的放射肋和同心生长纹，两者交叉形成颗粒状突起，并使壳表呈网目格状。壳面黄白色，布有褐色、淡红色斑。壳内面中央白色，周缘淡红色。

分布于台湾岛、海南岛南部、西沙群岛和南沙群岛；印度—西太平洋。栖息于潮间带岩礁间。

### 369. 曲波皱纹蛤 *Antigona chemnitzii* (Hanley, 1845)

别名千妮帘蛤。

贝壳长卵圆形，两壳膨胀，壳长 55 mm。壳顶钝，前倾。壳前端圆，后端呈截形。壳表具薄片状同心肋，在壳顶区密而低平，中区排列均匀，间距宽，往腹部排列较紧密。放射肋细密。壳面黄白色，布有不规则的放射状棕色带。壳内面白色。铰合部较宽，略呈弓形。前、后闭壳肌痕明显。外套窦宽指状，弯入较深，指向前闭壳肌。

分布于台湾海峡以南；印度—西太平洋，广布种。栖息于潮间带下部至潮下带沙质海底。

## 370. 岐脊加夫蛤 *Gafrarium divaricatum* (Gmelin, 1791)

别名歧纹帘蛤。

贝壳近卵圆形，壳长 38 mm。壳表同心生长纹细密，后部具弱的放射肋。壳色有变化，常饰有栗色波浪状、细线状或分枝状斑带和花纹。壳内面白色，中部和上部常具褐色斑，内缘具非常细弱的齿状缺刻。

分布于福建以南海域；印度—西太平洋。栖息于潮间带岩礁间的砂砾质海底。

### 371. 斜角卵蛤 *Pitar prora* (Conrad, 1837)

贝壳呈不规则四边形，壳长 40 ～ 51 mm，壳质薄，两壳膨胀。壳顶位于贝壳中央偏前方约 1/3 处，前倾。前腹缘斜圆，与小月面交叉呈近直角状；后缘略呈截状，腹缘圆。壳面黄白色，较粗糙，有细丝状生长纹。壳内面白色，铰合部较窄，左、右壳各具 3 枚主齿。

分布于西沙群岛；印度—西太平洋。栖息于浅海沙质海底。

### 372. 光壳蛤 *Lioconcha castrensis* (Linnaeus, 1758)

别名秀峰文蛤。

贝壳近圆形，壳长 54 mm。壳顶突出，近背部中位，略前倾。壳表较光滑，同心生长纹细密。壳面白色，布满褐色斑点与倒 V 形花纹。壳内面瓷白色。铰合部较宽大，前、后闭壳肌痕、外套痕清晰。

分布于台湾岛、海南岛南部、西沙群岛和南沙群岛；热带印度—西太平洋。栖息于潮间带至浅海珊瑚礁间的沙质海底。

## 373. 锥纹光壳蛤 *Lioconcha fastigiata* (G. B. Sowerby Ⅱ, 1851)

别名秀美文蛤。

贝壳三角卵圆形，壳长 29 mm，两壳膨胀。壳顶位于贝壳中央。壳表光滑，同心生长纹细密，仅在近腹缘区较清晰。壳面白色，上面布满褐色、由多种图案组成的锥形花纹。壳内面白色。

分布于台湾岛、海南岛南部和南沙群岛；印度—西太平洋。栖息于潮间带至浅海水深 20 m 以浅的珊瑚礁间沙质海底。

## 374. 斧文蛤 *Meretrix lamarckii* Deshayes, 1853

别名韩国文蛤。

贝壳三角形或斧状，壳长 41 mm，两壳膨胀。壳顶钝圆，位于背部中央，前倾。前端圆，后端略尖，腹缘稍平，弧度小。壳面光滑，颜色、花纹有变化，常具深色的放射纹或螺带。壳内面白色。外套窦较深。

分布于浙江以南海域；西太平洋。栖息于水深 20 m 以浅的浅海沙质海底。

### 375. 缀锦蛤 *Tapes literatus* (Linnaeus, 1758)

别名浅蜊、蝴蝶瓜子蛤。

贝壳长卵圆形或斜方形，壳长 30 mm。壳顶低，偏向前端。壳前端短圆，后端略呈截形，背缘平直，腹缘弧形。壳表具低平致密的同心纹。壳面黄白色或棕黄色，具红褐色锯齿状花纹或点状花纹，自壳顶至边缘有 4 条不明显的棕黄色放射状色带。个体壳形和花纹变化较大。壳内面杏黄色，边缘白色。前闭壳肌痕近卵圆形，后闭壳肌痕呈三角卵圆形，前、后闭壳均比较发达。铰合部窄长，左、右壳各具 3 枚主齿。外套窦舌状。

分布于台湾岛和南海；印度—西太平洋。栖息于浅海沙质海底。

### 376. 女神帝汶蛤 *Timoclea marica* (Linnaeus, 1758)

贝壳小，三角卵圆形，壳长 22 mm。壳顶低，位于背部中央。壳表具强的同心纹和放射肋，两者相交形成许多格状突起，楯面周缘自壳顶至后缘有两行鳞片状突起。壳面灰黄色，常有灰褐色的云斑。壳内面白色，中部淡黄色，内缘具细的齿状缺刻。外套窦浅。

分布于海南岛南部和西沙群岛；热带印度—西太平洋。栖息于浅海沙质海底。

# 头足纲
## Cephalopoda Cuvier, 1797

# 鹦鹉螺科 Nautilidae Blainville, 1825

壳质薄，左右对称，壳内分成许多气室，气室间有串管连通，可调节贝壳的浮力。鹦鹉螺动物有数十只腕，腕上无吸盘。整个螺旋形外壳光滑呈圆盘状，形似鹦鹉嘴，故名鹦鹉螺。鹦鹉螺已经在地球上经历了数亿年的演变，但外形、习性等变化很小，有"活化石"之称。

## 377. 鹦鹉螺 *Nautilus pompilius* Linnaeus, 1758

别名珍珠鹦鹉螺。

外壳圆盘状，壳长 176 mm。左右对称，沿一个平面做背腹旋转，呈螺旋形。壳面光滑，灰白色，生长纹细密而明显，从脐部向四周辐射出多条红褐色的火焰条状斑纹。脐部封闭。壳口较大，内具珍珠光泽。壳口后侧壳面黑褐色。

分布于台湾岛和南海；热带西南太平洋。可匍匐于海底或利用腕足附着在岩石或珊瑚礁间，也可凭借气室悬浮于水层之中，垂直分布于数米至数百米水深。

注：《国家重点保护野生动物名录》中，将本种列为国家一级重点保护野生动物。

# 参考文献

陈志云，2022. 常见海贝野外识别手册 [M]. 重庆：重庆大学出版社 .

何径 . 冈瓦纳自然网 [DB/OL]. [2024-09-05]. https://www.ganvana.com/.

黄宗国，林茂，2012. 中国海洋生物图集：第四册 动物界（2） 软件动物门 [M]. 北京：海洋出版社 .

李琪，孔令锋，郑小东，2019. 中国近海软体动物图志 [M]. 北京：科学出版社 .

刘瑞玉，2008. 中国海洋生物名录 [M]. 北京：科学出版社 .

齐钟彦，1999. 新拉汉无脊椎动物名称 [M]. 北京：科学出版社 .

徐凤山，张素萍，2008. 中国海产双壳类图志 [M]. 北京：科学出版社 .

许志坚，陈忠文，冯永勤，等，1993. 海南岛贝类原色图鉴 [M]. 北京：科学普及出版社 .

张素萍，2008. 中国海洋贝类图鉴 [M]. 北京：海洋出版社 .

张素萍，尉鹏，2011. 中国宝贝总科图鉴 [M]. 北京：海洋出版社 .

中国科学院动物研究所 . 国家动物标本资源库 [DB/OL]. [2024-09-05]. http://museum.ioz.ac.cn/index.html.

庄启谦，2001. 中国动物志：软体动物门 双壳纲 帘蛤科 [M]. 北京：科学出版社 .

OBIS. Indo-Pacific Molluscan Database [DB/OL]. [2024-09-05]. http://clade.ansp.org/obis/find_mollusk.html.

OBIS. Ocean Biodiversity Information System [DB/OL]. [2024-09-05]. https://obis.org/.

WoRMS. Mollusca [DB/OL]. [2024-09-05]. https://www.marinespecies.org/aphia.php?p=taxdetails&id=51.